住房城乡建设部土建类学科专业 "十三五" 规划教材
高等学校给排水科学与工程学科专业指导委员会规划推荐教材

给排水科学与工程概论

（第三版）

李圭白　蒋展鹏　范瑾初　张　勤　编

许保玖　主审

中国建筑工业出版社

图书在版编目（CIP）数据

给排水科学与工程概论/李圭白等编. —3 版. —北京：中国建筑工业出版社，2018.3（2024.6 重印）
住房城乡建设部土建类学科专业"十三五"规划教材. 高等学校给排水科学与工程学科专业指导委员会规划推荐教材

ISBN 978-7-112-21562-1

Ⅰ.①给… Ⅱ.①李… Ⅲ.①给排水系统-高等学校-教材 Ⅳ.①TU991

中国版本图书馆 CIP 数据核字（2017）第 291120 号

本书是高等学校给排水科学与工程学科专业指导委员会规划推荐教材、住房城乡建设部土建学科"十三五"规划教材。全书共 8 章，第 1 章"给排水科学与工程"学科与水工业；第 2 章水的利用与水源保护；第 3 章给水排水管网系统；第 4 章水质工程；第 5 章建筑给水排水工程；第 6 章给水排水设备及过程检测和控制；第 7 章水工程施工与经济概述；第 8 章"给排水科学与工程"学科与相关学科的关系。

本书作为高等院校给排水科学与工程专业及环境工程等相关专业本科生教材，也可供工程技术人员参考。

为便于教学，作者特制作了与教材配套的电子课件，如有需求，可发邮件（标注书名、作者名）至 jckj@cabp.com.cn 索取，或到 http://edu.cabplink.com//index 下载，电话：（010）58337285。

责任编辑：王美玲
责任设计：韩蒙恩
责任校对：李欣慰

住房城乡建设部土建类学科专业 "十三五" 规划教材
高等学校给排水科学与工程学科专业指导委员会规划推荐教材
给排水科学与工程概论
（第三版）
李圭白 蒋展鹏 范瑾初 张 勤 编
许保玖 主审

*

中国建筑工业出版社出版、发行（北京海淀三里河路 9 号）
各地新华书店、建筑书店经销
霸州市顺浩图文科技发展有限公司制版
北京君升印刷有限公司印刷

*

开本：787×1092 毫米 1/16 印张：12 字数：295 千字
2018 年 3 月第三版 2024 年 6 月第三十七次印刷
定价：26.00 元（赠教师课件）
ISBN 978-7-112-21562-1
（31223）

第三版前言

《给水排水科学与工程概论》（第二版）为"十二五"普通高等教育本科国家级规划教材，普通高等教育土建学科专业"十二五"规划教材，出版至今已有七年，这段时期我国水工业高速发展，特别是信息科技、材料科技、生物科技等高新技术的发展，不断推动着水工业的现代化。为了反映水工业现代化的现状，本版在第二版的基础上对内容作了若干增补和修改，以求适应时代要求。2021年，《给排水科学与工程概论》（第三版）被评为"全国优秀教材二等奖"。

在本版书稿编写过程中，主要编写人员之一龙腾锐先生不幸因病逝世，在此特表哀悼！参加本书的编写人员因此略有调整：李圭白（前言、第1、第4章），蒋展鹏（第2、第8章），范瑾初（第3章），龙腾锐、张勤（第5、第7章），范瑾初、曹达文、董秉直（第6章），李圭白主编，许保玖主审。

因编写人水平有限，不足之处在所难免，欢迎批评指正。

第二版前言

《城市水工程概论》（第一版）是在"给水排水工程"向"给排水科学与工程"的专业教学改革过程中于2002年编写出版的，那时曾将"给水排水工程"专业改名为"城市水工程"专业，所以第一版的书名为"城市水工程概论"。在现修订版中，书名定为《给排水科学与工程概论》，以与专业名称一致。

近年来，给排水科学与工程发展很快，为了及时反映学科发展的现状，修订版在内容上作了若干增补和删减；此外，我们也在许多学校使用本书第一版教学的基础上，广泛听取意见，对书的内容及其组合也作了若干调整；以求本书修订版的质量较第一版有所提高。

参加本书编写的人员有：李圭白（前言、第1、第4章），蒋展鹏（第2、第8章），范瑾初（第3章），龙腾锐（第5章），范瑾初、曹达文、董秉直（第6章），龙腾锐、张勤（第7章），李圭白任主编，许保玖主审。

因编写人水平有限，不足之处在所难免，欢迎批评指正。

第一版前言

水是生命之源。水是人类社会发展不可缺少和不可替代的宝贵资源。

人类的生活和生产都离不开水。人类进入农业社会后，便开始用水进行农田灌溉。我国在川北平原兴建的都江堰水利工程，是古代大规模农田灌溉的范例。

人类进入工业社会后，伴随着工业的发展，也开始了城市化进程，兴建起了大量的城市和工厂，形成了大量规模不等的城市。城市是人口大量聚集的地方，也是工厂集中的地方。人们生活和工业生产都需要水，为此在城市和工厂都修建了给水排水设施，相应地也发展了给水排水工程学科。城市和工厂的给水排水设施，大多数都是以土建构筑物形式实现的。所以给水排水工程学科在传统上属于土木工程类学科。

我国的给水排水工程学科建立于20世纪50年代初。那时中华人民共和国刚成立，为学习苏联建设经验，提出了"向苏联学习"的口号，所以也模仿苏联的模式，建立了"给水排水工程"学科，在高等院校成立了"给水排水工程"专业。

新中国成立后的前30年，在我国实行的是计划经济体制，我国给水排水事业随着整个国民经济的发展而发展，但由于当时实行的"先生产，后生活"的发展方针，而"给水排水"被归入"生活"类，所以长期发展缓慢，大大滞后于国民经济的发展。

进入80年代以后，我国开始实行"改革开放"政策，国民经济开始了快速发展，相应地对水的需求成倍地增长，而我国是一个水资源短缺的国家，从而引起了供求之间的矛盾。同时，污染治理滞后，大量城市污水和工业废水未经处理排入水体，再加上农田化肥农药流失，使水环境污染情况日益严重。

80年代后期，我国的水资源短缺和水环境污染已达到危机的程度。我国人均水资源量只有世界平均量的1/4，加上时空分布不均，使水资源短缺造成的损害不亚于洪涝灾害。我国目前水环境污染也很严重，河段有47%，湖泊有75%，城市水源有90%受到污染，造成的损失达GDP的1.5%~3%。水资源短缺和水环境污染已成为我国社会经济发展的重要制约因素，现正为缓解水危机筹集和投入大量的资金，这必将促进水工业产业的大发展。预测要基本缓解我国的水危机，需50年左右的时间。

我国已经进入社会主义市场经济时代，水作为一种特殊商品正在进入市场，采集、生产、加工商品水的工业，称为"水工业"。

水的循环可区分为水的自然循环和水的社会循环。由天然水体采集水，经过加工处理，以满足工业、农业以及人们生活对水质水量的需求，用过的水经适当处理再排回天然水体，这就是水的社会循环。水工业正是服务于水的社会循环全过程的一种产业。它与服务于水的自然循环及其调控的"水利工程"，构成了水工程的两个方面。

水危机推动水工业的形成和发展，水工业正迎来大发展的时代。

解决我国水危机的方针，应是以水资源的可持续利用支持我国社会经济的可持续发展。为此水污染治理和节水，是两个最重要的环节。只有在发展供水的同时，同步发展排水和污水处理，才能保护水环境，使水资源可持续利用成为可能。同时，水环境污染与人们对饮用水水质不断提高的要求之间的矛盾也日益增大，这样在水量和水质两个方面，水质矛盾就日益突出而上升为主要矛盾。

我国现在的工农业及城市用水量，正向我国水资源的极限量逼近，所以节水势在必行，必须向建设节水型工业、节水型农业、节水型城市、节水型社会的方向发展。为节水，需要巨资，而其产出效益更大，所以，一个节水产业正在兴起，它是水工业的重要组成部分。

我国正进入高新技术时代。90%以上的污水、废水是用生物技术处理的，生物工程等高技术将在水处理中得到广泛的应用。水工业是一个要求生产高质量水的产业，又是耗能的产业。电子信息、计算机等高新技术已在控制、节能、优化、安全、管理等众多领域得到应用。新材料、新设备（包括膜技术）等都不断为水工业所采用。高新技术正推动水工业向现代化方向发展。

水工业对提高人类生活质量已作出了重大贡献。城市是人类大量聚集的地方。在历史上，自从城市出现以后，就伴随着疾病的大流行，其中水介传染病是对人们生命健康威胁最大的流行病之一。直到20世纪，人们终于找到了城市集中供水的方式，和对饮用水进行处理和消毒的技术，从而基本上制止了水介传染病的流行，大大增进了健康，延长了人们的寿命。西方国家在工业化的过程中，环境也受到严重污染，只在20世纪下半叶才着重对环境污染进行治理，即走的是一条"先污染后治理"的道路，现在发达国家的水环境已得到很大程度的恢复。正当世纪之交，美国组织大量专家权威，以提高人类生活质量为标准，对20世纪100年来最重大工程技术进行评选，并从提议的一百多项工程技术项目中评出了20项，其中"给水"仅位于电气化、汽车、飞机之后，名列第四，足见其重要性。

以水资源短缺和水环境污染为代表的水危机，不仅限于我国，也是一个世界性问题。世界上许多权威性国际组织近年来不断发出警告，如国际人口研究组织1997年发表研究报告认为"在未来50年里，全世界至少有1/4的人口将面临水资源短缺"，联合国水资源大会指出，"水不久将成为一场深刻的社会危机"。国际国内水危机的发展和加深必将促进水工业的发展。可以预计，水工业作为21世纪的朝阳工业，前途是远大的。

每一种产业都需要有相应的学科和专业的支持才能得到发展。"城市水工程"即为水工业的主干学科，它以水的社会循环为研究对象，在水量和水质两个方面以水质为中心，加强化学和生物学基础，保持工程传统，向城市水资源、市政水工程、建筑水工程、工业水工程、农业水工程，节水产业等方向全面拓宽，以适应市场经济和满足水工业发展的需求。

将"城市水工程"学科与近50年前成立的"给水排水工程"比较，研究对象从作为"城市基础设施"扩展为"水的社会循环"，学科的主要矛盾从"水量"转变为"水质"，即学科性质已发生了质的变化，所以在"给水排水工程"学科的基础上成立新的学科和专业"城市水工程"，应是历史的必然。目前，世界各国中只有我国仍沿用"给水排水工程"学科名称（俄国也已将该名称改掉），十分不利于与国际接轨和交流。

21世纪的朝阳产业——水工业，需要大量专业人才。给水排水专业成立至今50年来，人才需求长期保持旺盛。据预测，21世纪上半叶我国城市人口将从现在的3.7亿增加到 10 亿左右，城市化进程将使市政水工程获得大发展；住宅建设已成为我国的支柱产业，建筑水工程是住宅建设的重要组成部分；工业的迅速发展及高新技术化，对工业水工程的水质水量都提出更高的要求；特别是农业从粗放的大水漫灌向节水高效方向发展，为农业水工程提供极大的发展空间；全力建设节水型社会，将使节水产业获得大发展。展望未来，我国社会经济的快速发展，将带来水工业的大发展，专业人才的社会需求将会进一步扩大。人才的市场需求是建立专业的根本。所以，"城市水工程"专业的设置是非常必要的。

本书是供进入"城市水工程"专业的大学一年级新生学习的。希望通过本书，使新生能对我国水危机的严峻形势有一个概要的了解，以增强危机感和使命感；使新生能对本学科的主要内容有一个概括的了解，以增强学习的目的性；使新生对水工业在新世纪的远大发展前景有一初步的了解，以增强投身于水工业和城市水工程学科事业的决心；使新生对城市水工程学科要求的基础理论、相关学科、现代科学技术，以及高新技术等丰富的科学技术内容有一个宏观的了解，以提高学习兴趣，增强学习信心。

参加本书编写的人员有：李圭白（前言、第 1、第 4 章），蒋展鹏（第 2、第 8 章），范瑾初（第 3、第 6 章），龙腾锐（第 5 章），龙腾锐、张勤（第 7 章），李圭白任主编，许保玖主审。

本书是一本教科书，书中由有关书刊及科技文献引用了大量资料，无法在书中一一注明出处。在此向被引用资料的作者一并致谢。

因编写人水平有限，不当之处有所难免，欢迎批评指正。

目　　录

第1章 "给排水科学与工程"学科与水工业

1.1 水的自然循环和社会循环

1.1.1 水的循环与水危机

地球上水的循环，可分为水的自然循环和水的社会循环。水的自然循环有多种，对人类最重要的是淡水的自然循环。图 1-1 是淡水的自然循环的典型示意图。水从海洋蒸发，蒸发的水汽被气流输送到大陆，然后以雨、雪等降水形式落到地面，一部分形成地表水，一部分渗入地下形成地下水，一部分又重新蒸发返回大气。地表水和地下水最终流回海洋，这就是淡水的自然循环。

雨水落至地面，或雪降至地面融化后，汇集起来形成小的径流，小径流不断汇集，形成河川和湖泊。渗入地面下的水，会在地下透水层中流动，形成地下水流。地下水流

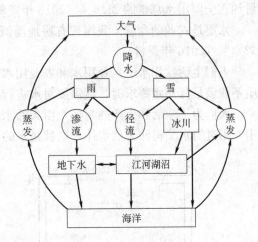

图 1-1 淡水的自然循环

出地面，称为泉水。在不同的季节，地表水和地下水之间还会相互补给。

我国处于东南亚季风地带，夏季多暴雨，常引起河川及湖泊水位上涨，造成洪水泛滥。为减轻洪涝灾害，常修筑调贮水库，即人工湖。水库还常用作发电，以及农田灌溉和城市水源等。为航运、引水灌溉等需要，还修筑运河。

上述水的自然循环及其调控，是水利工程学科的研究对象。

水是人类生存、生活和生产不可替代的宝贵资源。

人类生存离不开水。每人每天平均需要食用 2~4L 水。人们生活离不开水，如清洗食物、洗餐具、洗涤衣物、洗浴、冲厕、清洗房舍等，每人每天用水量因居住地区、室内设备、生活习惯、季节不同而异，城市居民全国平均为 140L/（人·d）。这些是住宅家居所需用水。此外，社会公共设施，如学校、机关、医院、旅馆、饭店、浴室、游乐场所等都要用水；公园、广场的水景，浇洒绿地、道路以及消防等也需要用水。家居生活用水与公共用水之和，对城市居民全国平均约为 210L/（人·d）。全国生活用水量约为全国用水总量的 12.2%（2007 年资料）。

工业生产离不开水。工业生产有成百上千个门类，其在生产过程中的用水情况各不相同。按水在工业生产中的用途和性质可概略地分为以下几类：

1

（1）原料用水：以水作为产品原料，如酿酒、制冰、饮料等。

（2）生产工艺用水：水本身不进入最终产品，但水在生产过程中同产品质量的关系极为密切，如制糖、造纸、印染、人造纤维、有机合成等。

（3）生产过程用水：如洗涤、清洗用水；输送用水；熄火降温用水等。

（4）锅炉用水：用于供应蒸汽、热水。

（5）冷却用水：用于冷却设备、冷凝设备、冷凝蒸汽、气体、冷却液体等，以冷却传热为主。

由于生产的产品及生产过程千差万别，所以其用水量也很不同。用水量大的工业，主要有火力发电；造纸、制糖等轻工业；炼油、化纤、有机合成等石化工业；制矸等化学工业；钢铁、有色金属等冶金工业等。

工业生产所需水量，因工业种类、生产工艺等不同而有很大差异。现在全国工业用水量约占全国用水总量的 21.6%（2016 年资料）。

水更是农业的命脉。我国现有耕地灌溉面积约为 40%，用水量约占全国总用水量的62.4%（2016 年资料）。

人们生活饮用水、工业用水和农业用水，都对用水水质有相应的要求，当天然水源水质不能满足其用水要求时，就需要对水进行适当处理，以获得符合用水要求的水质。

人们为了生活和生产的需要，由天然水体取水，经适当处理后，供人们生活和生产使用，用过的水又排回天然水体，这就是水的社会循环，如图 1-2（a）所示。

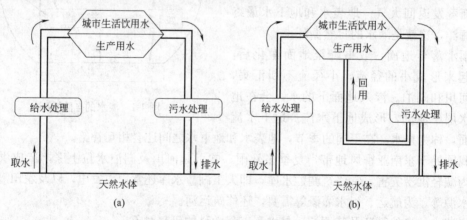

图 1-2　水的社会循环

过去，人们总是以为天然水体的水是取之不尽，用之不竭的。这种看法已经到了需要根本改变的时候了！我国多年平均降水总量为 6.2 万亿 m^3，除蒸发以及通过土壤直接利用于天然生态系统和人工生态系统外，可通过水循环更新的地表水和地下水的多年平均水资源总量为 2.8 万亿 m^3，按 2012 年人口统计，人均水资源量为 2100m^3，仅为世界平均值的 28%。预测到 2030 年人口增至 16 亿时，人均水资源量将降到 1760m^3。按国际上一般标准，人均水资源少于 1700m^3 为水资源紧缺的国家。我国已是水资源十分紧缺的国家。

我国现在年用水总量约为 6040 亿 m^3（2016 年资料）。经分析，我国实际可能利用的水资源约为 8000 亿～9500 亿 m^3。据预测，随着我国人口的增长，城市化进程的进行，工业、农业的发展需求，在大力节水的前提下，我国用水高峰将在 2030 年前后出现，年用水总量为 7000 亿～8000 亿 m^3，需水量已向可能利用水资源量的极限逼近，形势极为严峻。

由于我国水资源具有时空分布不均匀的特点，大部分地区每年汛期连续 4 个月的降水量占全年的 60%～80%，此外还有降水量的年际剧烈变化。我国的年降水量在东南沿海地区最高，逐渐向西北内陆地区递减。从黑龙江的呼玛县到西藏东南部边界，这条东北—西南走向的斜线大体与年均降水 400mm 等值线一致，斜线西北部即为干旱、半干旱地区，斜线东南部为湿润、半湿润地区。

我国水资源的空间分布和我国土地、人口及经济发展也不相匹配。黄河、淮河、海河三流域，土地面积占全国的 13.4%，耕地占 39%，人口占 35%，国民经济总产值（GDP）占 32%，而水资源仅占 7.7%，人均约 500m^3，是我国水资源最紧缺的地区。所以，我国北方地区水资源短缺的危机已经十分突出。

在水的社会循环中，用过的水中常含有许多废弃物。一般天然水体都是一个生态系统，对排入的废弃物有一定的净化能力，称为水体的自净能力。由于社会循环的水量不断增大，排入水体的废弃物不断增多，一旦超出水体的自净能力，水质就会恶化，从而使水体遭到污染。受到污染的水体，将丧失和部分丧失使用功能，从而影响水资源的可持续利用，并加剧水资源短缺的危机。水环境污染，现已成为世界性的重大问题，而我国的水环境污染尤其严重，已使国民经济遭受重大损失，其损失不亚于洪涝灾害。

以水资源短缺和水环境污染为标志的水危机，已成为社会经济发展的重要制约因素。水危机不但存在于我国，而且是世界性的，而以我国尤甚。

水危机是人类危机的一部分。人类危机的根源是人口爆炸和消费爆炸。

人类人口爆炸的历程：人类出现于 400 万～700 万年前，进化过程不断出现许多新人种；现代人人种出现于非洲，于 10 万年前向其他大陆迁徙，于 2 万～3 万年前扩展到各大陆，其他人种相继绝灭。

现代人人口爆炸始于 1 万年前的农业革命，进程见表 1-1。

人类人口爆炸的历程　　　　表 1-1

1 万年前	人口数百万	人口翻一番的时间
2000 年前	约 2 亿～3 亿	约 1500 年（农业革命）
1650	5 亿	1500 年（工业革命）
1850	10 亿	200 年
1930	20 亿	80 年
1975	40 亿	45 年
1999	60 亿	24 年
2011	70 亿	12 年
（2023）	（80 亿）	（48 年）

中国人口翻一番的时间（新中国成立后），见表 1-2。

中国人口翻一番的时间　　　　表 1-2

时间	人口	人口翻一番的时间
1952 年	6.02 亿	43 年
1995 年 12 月 15 日	12.0 亿	

地球上的人口数不仅加速增长，并且人类消费的资源也在加速增长，并且已经到了爆炸的程度。20世纪最后25年能源消费量已经超过以前人类能源消费量的总和。按现代人均消费量，有的科学家进行了一个计算，即地球能养活多少人，公式为：

$$地球养活的人数 = \frac{(太阳供给地球总能量) \times 1\%}{平均个人消费量} = 82.5 亿$$

这个计算可能不很准确，但它说明地球的承载力是有限的，人类人口是不可能无限增加下去的。

人口爆炸和消费爆炸造成资源、环境的全面危机，水危机便是其中之一。

1.1.2 水的良性社会循环与水资源的可持续利用

在水的社会循环中，生活和生产用过的水，含有大量废弃物，如未经处理直接排入水体，将大大超出水体的自净能力，对水体造成污染。对城市污水、工业废水以及农田排水进行处理，使其排入水体不会造成污染，从而实现水资源的可持续性利用，称之为水的良性社会循环。城市由未受污染的天然水体取水，一般是比较经济的，因为为满足用水对水质的要求（特别是生活饮用水）而进行的水处理比较易行。当水资源短缺危机出现时，为减少由天然水体取水的量，可以采取循环回用使用过的污、废水的方法，如图1-2（b）所示。将污染较轻的冷却水循环使用于工业用水比较简单，也比较经济。将含废弃物较多的城市污水和工业废水回用于工业，为满足工业用水水质要求而进行的水处理会复杂得多，当然也比较昂贵。将尽可能多的污、废水回用于工业，可以显著减少由天然水体的取水量，缓解水资源危机。

现代的水处理新技术，已能将城市污水处理到符合人们生活饮用水水质标准要求的程度。在国外，已建起了每月上万立方米规模的水处理实验厂，也就是说，现在技术上有可能实现城市污水回用做生活饮用水，甚至做到城市污、废水的零排放，这不仅将最大限度地缓解水资源危机，并完全消除城市对水环境的污染。当然，要将城市污水回用做生活饮用水，以及实现城市污水的零排放，费用是很高的。但是，这说明城市水资源短缺，只是相对的，并且主要是一个经济问题。

从水的良性社会循环角度看，人们生活和工业用过的污、废水排入天然水体以前需要经过处理，为此需要花费一定的费用。如果回用污、废水的处理费不高于上述费用，无疑是比较合理的，否则便需从多种方案中进行选择。

前已述及，污水、废水回用，可缓解水资源危机。可行的污水、废水回用有多方面，工业企业内部水的循环重复利用是应用最广的一种，但是在我国循环重复利用率与发达国家相比还比较低。

城市污水回用于工业，需要进行比排入天然水体更复杂的水处理，但对水资源短缺的地区，它在许多方案中仍是比较经济合理的一种，在国外已是一种成熟的技术，但在我国尚处于起步阶段，今后的潜力是很大的。

将城市污水回用于公用设施和住宅冲洗厕所、浇灌绿地，景观用水，浇洒道路等，一般称为中水回用技术，也是很值得推广的。

由江河取水的城市，若水质受到上游城市或其他污染源的污染而不宜再饮用时，称作水质型水资源短缺。现代的饮用水除污染技术，能将受到一定程度污染的源水处理到符合生活饮用水水质标准的要求，为此只要在现有城市自来水厂传统水处理工艺基础上，再增加除污染处理设备就可以了，为此当然需要增加一些费用，但比城市污水的处理费用要低。饮用水除污染，可以缓解水质型水资源危机。但要完全解决水质型水资源危机，需要大力治理污染源，即需要对城市排出的污、废水进行处理。对一个水系而言，上游城市由水系水体取水，用过后又排入水系，下游城市再由水系水体取水，这可称为水的间接回用。现代的城市化进程和经济发展，已使水的这种间接回用达到很高的比例。例如，美国这样水资源充沛的国家，20 世纪 80 年代已有 40%的水被城市和工业用过一次，所以对排入水体的城市污、废水进行处理，是实现水的良性社会循环的重要环节。

城市生活污水和工业废水排入水体造成污染，称为点源污染。农田排水对水体造成的污染称为面源污染。城市污水、工业废水及农业面源污染，致使城市水域 90%受到污染。所以城市水质型水资源危机是我国普遍存在的现象。2014 年我国城市污水处理率虽然已达到 90%，由于城市污、废水量相应增加，水环境污染状况会有所减轻，但不会消除，所以，饮用水除污染与污染源治理应该同时给予重视。

若将水的间接回用作为水的社会循环的一部分来看，上游城市污水处理的程度与下游城市取水的水质有关。所以，在经济上存在一个上游城市污水处理与下游城市饮用水除污染总费用的问题。显然，上游城市污水处理程度愈高，即费用愈多，下游城市的饮用水除污染处理的费用就会愈少。更进一步，上游城市污水处理的程度使排放的水质达到天然水体的水质，这样下游城市便只需对源水进行常规处理而不需再增设饮用水除污染设施，但这时上游城市污水处理费用会变得过高。将上游城市污水处理程度和费用适当降低（当然还要兼顾对环境其他方面的影响），这时排出的污水对水体水质会造成一定程度的污染，下游城市就需要增加饮用水除污染的费用，但总费用会比上述极端情况低许多，这可能是目前比较合理的方案。所以，饮用水除污染应是整个水环境污染治理的一环。

对工业废水进行处理，是一种终端治理模式，即工业生产排出多少废水就处理多少。这种被动的终端治理模式，已被各国的实践证明是不成功的。现在已开始从源头进行治理模式的研究，即采用"绿色"工艺，进行清洁生产。清洁生产是指原料和能源利用率最高、废物产生量和排放量最少，对环境危害最小的生产方式和过程。清洁生产可包括产品和生产过程两个方面。对于产品，清洁生产意味着产品本身及原料都应是对环境无害的。对生产过程，清洁生产是指在生产的全过程都应符合节约资源、节约能源和保护环境的原则。应对产品进行生命周期的分析，确保其每个环节对环境的危害都是最小的。应改革产品设计、改革原料路线、改革生产工艺、更新设备、采用循环利用、重复利用水、物料与能源系统，使废水、废物最少化。所以，清洁生产从源头上使废水废物综合减至最少，再配合对废水的终端处理，才能获得好的效果。废水处理也要采用"绿色"工艺，即使能耗和残留污泥量降至最小。

我国农田现在普遍使用化肥农药，由于投放使用的化肥农药量比世界平均值超出许多，不够科学合理，致使大量化肥农药未被充分利用，随水排入水体，对地表水和地下水都造成污染。农田排水的污染，由于其分散性和量大面广，比点源污染更难治理。农田排水的污染，只能随着科学种田、科学施肥的推广，随着"绿色"农业的发展，才会逐渐减轻，才能实现水的良性社会循环。

所以，控制污染，保护环境，需要各行各业共同努力，才能取得成功，所以它也是全社会全民族的共同事业。

1.1.3 节水和多渠道开源是缓解水资源危机的有效途径

我国一方面出现水资源紧缺的危机,一方面同时又存在用水效率不高、用水大量浪费的现象。我国的用水总量与美国相当,但 GNP 仅为美国的 1/2。我国农业灌溉水的利用系数平均约为 0.53,而发达国家为 0.7 甚至 0.8。我国万元工业增加值用水量为 $59.5m^3$,是发达国家的数倍。我国工业用水的重复利用率为 40%,实际可能更低,而发达国家为 75%~85%,城市供水管网的漏失量很严重,一般都在 10% 以上,而一些严重缺水的城市有的竟高达 20% 以上。公共生活用水的浪费更加惊人,人均生活用水量,大专院校为 265~379L/d,宾馆为 730~1910L/d,医院为 890~1390L/d。所以节水、提高用水效率、杜绝浪费,是缓解水资源危机的首要任务。

在水资源短缺的地区,发展高效节水农业,发展节水型工业,采用节水型生产工艺,采用节水用水器具,提高质量,加强管理,减少跑冒滴漏,减少管道漏损,特别是制订有利于节水的政策法规,提高水价,利用经济杠杆促进节水,是当务之急。

节水不仅可减少从天然水体的取水量,缓解水资源危机,并且可减少供水和给水处理费用。同时,节水还可减少排水和污水、废水处理费用。据测算,随着我国城市化进程和经济的发展,城市和工业用水量会不断增加,相应地,排水量也会不断增加,为实现水的良性社会循环,城市供排水及处理所需费用将增加到国民经济难以承受的程度。只有节水,显著减少城市供排水量,才能将费用降下来。所以,不仅水资源贫乏地区要节水,水资源充足地区也要节水。在国外,这也成为目前发达国家的共识。

前已述及,我国的用水量正向水资源的极限量逼近,如果不加以控制,任其增长下去,将会耗竭水资源,从而给国民经济带来重大损失。只有千方百计地节水,不断提高用水效率,才能控制住用水的增长,使之不超过水资源的极限,从而实现以我国水资源的可持续利用,支持我国社会经济的可持续发展的目标。所以,节水不仅具有战略意义,并且应作为国策进行立法,使我国全面向节水型工业、节水型农业、节水型城市、节水型社会发展。

为缓解城市或地区的水资源短缺危机,尚可采用以下措施:

科学调配水资源。城市附近的农业灌溉用水,用水量很大,大都取自天然水体。城市用水为满足人们生活饮用需要,也要求取自天然水体。在水资源短缺地区,这就形成了城市和农业争水的矛盾。如将城市污水回用于农业灌溉,将原来用于灌溉的水供给城市,就能缓解争水矛盾和水资源危机。我国已有不少城市污水用于农田灌溉,但有的使用未经处理的污水或经处理但水质尚达不到灌溉要求的水,不仅使农产品受到污染,还给环境带来许多危害,是有待改进的。如将城市污水经适当处理,使其水质满足农业灌溉的要求,则城市污水回用于农业灌溉是可以得到迅速发展的。

在城市附近地区推行高效节水农业和现代旱地农业,将水的利用系数由 0.4 左右提高到 0.5~0.6,节省下来的水便可供城市使用。

海水可大量用于工业冷却用水,从而减少城市对淡水的需求。我国沿海地区 11 个省和直辖市,有18000 多千米的海岸线,人口占全国的 40% 以上,社会总产值占 60% 左右,是经济最发达的地区。该地区特别是新开发区域的淡水供给严重不足,极大地阻碍了经济的发展，大力发展海水利用刻不容缓。我国目前用海水作为冷却水的仅约 1000 亿 m³，而美、欧、日等国则均已达 2000 亿 m³ 左右。所以，我国利用海水的潜力是很大的。利用海水是缓解沿海地区淡水资源危机的主要途径。

雨水是一种重要的淡水资源。现代大城市市区面积很大，大部分地面为不透水铺面覆盖，遇到暴雨会形成洪涝灾害。如将雨水部分贮积起来，则可获得可观的水资源。如对年降水量为 500mm 的地区，1 平方公里（km²）年降水体积为 50 万 m³，对 100km² 市区面积，年降水体积可达 5000 万 m³。在城市适当地方或住宅小区贮积雨水，可用于浇洒绿地、道路、水景以及下渗补充地下水，改善生态环境，并缓解水资源危机，还可以减少城市洪涝灾害。随我国城市化进程，城市面积会不断增长，雨洪水量还会不断增加，潜力是很大的。

当城市出现水资源危机时，也可由远处的水体调水。当然远距离调水需要比较高的费用，且与调水的距离相关，即调水距离愈长，费用愈高。远距离调水应在充分节水的基础上进行。因为若不节水，用水浪费严重，用水效率低，必然要调更多的水，并且调来的水也会有相当部分被浪费掉，不能充分发挥调水效益。调水愈多，城市污水增加的也愈多，不仅增大调水费用，同时也增大了污水处理和排放的费用，若不能同步建设污水处理设施，还会加重对水体的污染。

远距离调水应与节水及污水、废水回用进行经济比较。城市节水及污水、废水回用在许多情况下比远距离调水经济。对水质型水资源短缺，远距离调水应与饮用水除污染进行经济比较。据测算，在城市自来水厂因进行饮用水除污染而增加的投资约和 25～50km 输水投资相当，即当调水距离超过 25～50km 时，其投资将比饮用水除污染工程投资要高。为降低远距离调水的成本，有的工程采用明渠输水。据调查，明渠输水大多数会受到污染，调来的水还需要进行饮用水除污染处理，使水的成本更高。

水对于人类社会，虽然是不可替代的，却是可以再生的。水在城市用水过程中，不是被消耗掉了，即水量上不发生变化（理论上），而只是水质发生了变化，失去了使用功能。用水处理的方法改变水质，使之无害化、资源化、特别是再生回用，就能实现水的良性社会循环，既减少了对水资源的需求，又减少对水环境的污染，一举两得，这对人类社会发展是有重大意义的。

远距离调水，对水资源有限的地区，只能愈调愈少，是资源消耗的做法。水如再生回用，实现水的良性社会循环，才是资源节约型的做法。只有将远距离调水与水的再生回用进行经济上的、技术上的和工程可行性等全面论证的基础上统筹考虑，才是合理的。

鉴于人们决策时对城市节水及污、废水再生回用的认识不足，有必要制订优先进行城市节水及污、废水再生回用的政策，促使城市水资源的可持续利用和水工业发展步入节水型的轨道。

1.1.4　水的社会循环的工程设施

水的社会循环，是通过一系列工程设施来实现的，主要有：

（1）水资源的保护和利用：无论是地表水资源，还是地下水资源，其水质水量都需要用工程措施加以保护。对于地下水资源，应合理开采，不应超采，以免引起生态环境恶化、地面沉降等不良后果。对于地下水源地，还需要建立卫生防护地带，以确保水质不受污染。对于地表水资源，需要进行流域的统筹规划。水源上游的水工、河工工程，应使水源水量得到保证。水源地附近的河床，应采取工程措施保证其稳定可靠。水源地的水质，应确保不受污染。水源地上游的城市污水和工业废水应得到治理。水源地附近，应建立卫生防护地带。

（2）取水工程：对于地下水源和地表水源，都有其专门的取水工程，将水从天然水体取集过来。由于地下水源和地表水源的类型以及条件各不相同，所以取水工程也是多种多样。

（3）水泵站：一般水源地势较低，城市和工厂地势较高，此外，水源和用户之间还有一定距离，要将水由低处抽送到高处，并输送一定距离，需要用专用的水力机械——水泵对水加压。设置水泵的建筑物，称为水泵站。在水的社会循环过程中常常需要对水进行多次加压，所以水泵的使用非常普遍。取水泵站是取水工程的重要组成部分。

（4）给水处理厂：水源水质一般尚不能满足城市和工业企业的要求，所以常用物理的、化学的、物理化学的以及生物学的方法对水进行处理。城市给水工程既要供应居民生活饮用水，也要供给工业用水，所以城市水厂一般都按生活饮用水的要求对水源水进行处理，各工业企业对用水水质有特殊要求的，再在企业内对自来水作进一步处理，以满足生产要求。

给水处理厂既可设于水源地附近，也可设于城市附近。

（5）调贮构筑物：城市和工厂由天然水体取水，一般取水量在一天 24 小时是相对均匀的，但城市和工厂的用水则是不均匀的，为保证供应用水，需设置一定容积的调贮水池，当用水量少时，多余的水贮于水池中，当用水量多时，不足水量由贮水池进行补充。此外，有时取水水质恶化时，如泥砂含量过高，或受海水影响含盐量过高，需中止取水，为此也需要设置贮水池等。

（6）输、配水系统：一般城市水源都位于城市上游。水源水在水厂被净化后，用输水管道输往城市，再由沿街道敷设的管道将水分配到千家万户以及工厂等用水单位。城市街道纵横交错，所以配水管道事实上形成一个网络，即管网。因城市具体情况、地形高差等不同，城市管网可以是单一的，也可以是分区的。为控制调节、维护管理的需要，在输水管路和管网上还设置了大量闸阀、消火栓等附属构筑物，从而形成一个复杂的输、配水系统。

（7）建筑水工程：住宅建筑是人们生活起居的地方。每一住宅单元内都设有厨房用水设施、卫生洁具等，供人们生活使用。自来水由城市管网送入住宅楼内，经管道系统配入各户。用过的污水，经排水管道收集，排出楼外。此外，住宅楼还有热水供应、消防及排除雨水等要求。大型公用建筑对消防的要求非常高，消防系统也非常复杂。此外，还常有空调冷却、水景、泳池等用水的要求。现代建筑中，建筑水工程是提高生活质量，保障安全的重要设施。

在建筑小区和大型公共建筑群地区，水还用于浇洒绿地、园林、浇洒道路，以及许多公共服务行业，所以设有小区给水、排水、雨水等小区水工程。

（8）工业水工程：位于城区的工厂，大多数由城市管网供水。水经工厂给水管网配往各车间及用水部门，用过的水流出车间，由排水管网收集，然后排入厂外城市排水管网。在工厂中，由各车间排出的废水，如含有重金属等有毒物质，需经局部处理，使水质符合排入城市排水管网的水质要求。工厂内的给水管网，也供应各车间及工作部门的生活用水以及消防用水。此外，为排除厂区的雨水需设雨水管网。

城市自来水的水质，常不符工厂某些特殊用水的要求，为此常设有专门的水处理车间。为提高用水效率和节约用水，工厂内常建设循环用水和水的重复利用系统，包括专用的泵站、管道、水处理设备等。所以，工业水工程是很复杂的，特别是对于大型工业企业。

(9) 污水排水系统：由住宅、公用建筑、工厂排出的污、废水，都经排水管网汇集，然后流入污水处理厂。排水管网系统中，包括排水井、检查井、消能井以及提升污水的污水泵站等。

(10) 污水处理厂：在污水处理厂中，使用物理的、化学的、生物的方法将废弃物除去，使处理后的水质满足排入天然水体的要求。由于城市污水中主要含有机污染物，所以生物处理的方法在污水处理厂中使用得非常普遍。污水经处理后，水质达到排入天然水体的要求，方可排入水体。

污水经处理后形成的污泥，仍含有大量的有机物，可经消化产生沼气用作发电；可脱水干燥后制成有机肥料出售；可焚烧发电等。

(11) 雨水排水系统：大、中城市市区都占有很大面积，一遇暴雨，如雨水得不到及时排除，将会淹没房屋和工厂，造成灾害。雨水系统就是为迅速排除地面雨水而设置。

雨水排水系统与城市污水系统完全分开的，称为分流制雨水系统。由于降雨初期，雨水能将地面大量污物冲刷并排入水体，造成污染，这是分流制的缺点。将降雨初期雨水排入城市污水排水系统，以后比较清洁的雨水再直接排入水体，这种两者结合的系统，称为合流制雨水系统。

(12) 城区防洪：紧临城区有山体坡地，遇暴雨山溪洪水暴发，会淹没城区，形成灾害，所以环城区周围需设排洪沟渠。

(13) 城市水系统：现代城市区内，常有纵横的沟渠、水道、水景、湖泊等，与上述的各种系统共同组成城市的水系统。

以上系统组成，主要是围绕城市来讨论的，可称为市政水工程。当工业企业远离城市时，也需要上述类似的组成部分，这比城市内工业企业的水工程的组成要复杂。

(14) 农业水工程：传统的农田灌溉是通过渠道系统向农田进行大水漫灌，用水效率很低。现正发展的高效节水农业，即使用喷灌、地下管道灌溉、滴灌等，当以地表水为水源时，水中浑浊杂质会沉积管中，堵塞管道，所以需要对水进行适当处理。现代畜禽工厂化养殖，不仅要供应畜禽清洁的饮水，并且畜禽的排泄物含有大量有机物会污染环境，需要加以处理。水产工厂化养殖，需要对循环水进行处理等。所以现代化农业水工程，已把水质提高到重要位置。

1.2 21世纪的朝阳产业——水工业

1.2.1 "给排水科学与工程"的发展

在我国古代和西方古文明时期，都有一些关于给水排水工程的记载。例如，我国东周时期城市居民就在城区建瓦井作为生活用水的重要来源；至汉、唐时期则建有砖井。我国很早以前就知晓用明矾净水，400年前发现建有过滤—沉淀—炭滤的净水设施。2300年前，我国开始使用陶制排水管道。

在西方，古罗马于8世纪修建了导水管系统，可以提供饮用水和生活用水；于公元前6世纪修建了地下排水管道。古埃及也知晓用明矾净水。

真正的城市给水排水工程是在工业革命以后随着城市的发展才逐渐建设起来的。但是，早期的欧洲，城市给水排水工程的发展仍相当缓慢。例如，在城市供水方面，17世纪，欧洲已开始用砂滤净水。1807年，在英国建成第一个城市供水系统，输送砂滤水到用户。1827年，慢砂滤池在英国投入使用。1902年，第一个氯化消毒水厂在比利时投入使用。19世纪末、20世纪初，美国开发出混凝—沉淀—快滤—氯化净水工艺，使霍乱等水介烈性传染病得到有效控制。在城市排水方面，于18世纪晚期英国人发明了水冲厕所，后经改进成为现代水厕，是一个重要发明，它使室内卫生设备趋于完善，显著地提高了人们的生活质量。为了排除冲厕水及城区雨水，于1840年在英国修建了城市排水系统，将污水排往河流。所以，水厕的发明同时又造成城市居民的粪、尿等排泄物和废弃物对水环境的污染。为了减轻城市排水的污染，1871年在法国对城市污水进行土地处理。1908年发明了英霍夫双层池以处理少量污水。1916年，美国建成活性污泥法处理厂，对污水有机物进行有效处理。西方国家在资本主义发展前期，工业废水和城市污水大量排入水体，致使水体遭受严重污染。例如工业革命发源地的英国，流经伦敦等大城市的泰晤士河甚至鱼虾绝迹，成为"死河"。

20世纪，西方发达国家逐步建立起完善的城市供水排水系统并得到普及，特别是加大了对污染的控制，使得水环境逐步得到改善，走过了一条"先污染后治理"的道路。

我国在新中国成立前，社会发展落后，经济发展缓慢，所以现代的城市给水排水工程的发展也显著滞后。我国给水工程始于1879年，在旅顺建龙引泉供清朝北洋水师用水；1882年上海建成杨树浦水厂；1898年在天津建成一自来水厂；1910年在北京建成东直门水厂等。到1949年，全国建有72个自来水厂，日供水能力240万 m³，供水管道6600km。

新中国成立后，随着国民经济的发展，特别是工业和城市的快速发展，城市和工业给水排水工程也得到相应发展，但在20世纪50~70年代期间，由于执行"先生产后生活"的政策，并把给水排水归入"生活"类，故建设速度也相对滞后，并且水被作为一种"福利"，几乎无偿地供给居民，水价甚至低于成本，城市供水行业大多在"政策性亏损"条件下运营，建设靠政府投资，亏损靠政府补贴，缺乏自我发展机制，导致供水能力不足。城市污水管道和污水处理设施建设更慢，以致水环境污染日趋严重。

20世纪80年代，我国已由社会主义计划经济体制向社会主义市场经济体制转度。在社会主义市场经济体制下，水作为一种特殊商品正在进入市场，采集、生产、加工商品水的产业，称为"水工业"。水工业是以水的社会循环为服务对象，为实现水的社会循环提供所需的工程建设、技术装备、运营管理和技术服务。它与服务于水的自然循环的"水利工程"，构成了水工程的两个方面。

在社会主义市场经济条件下产生和发展起来的水工业，具有区别于传统"给水排水"的显著特点。新中国成立之前，我国只在少数大城市的租界区有规模很小的给水排水设施。新中国成立以后，随着国民经济的发展，开始在城市和工业企业建设给水排水设施，当时主要是解决有无问题，即水量是主要矛盾。那时，水源水质相对较好，城市和工业对水质的要求也相对较低，同时进入社会循环的水量较小，虽然污、废水的处理发展相对滞后，但对水环境的污染也相对较轻，所以水质问题尚不突出。进入20世纪80年代以后，我国开始步入社会主义市场经济，社会经济高速发展，但同时以水资源短缺和水环境污染为标志的水危机日益严重。水环境污染与人们对饮用水水质不断提高的要求的矛盾日益增大；高新技术发展也使工农业对水质的要求大为提高。在向社会可持续发展作战略改变中，水资源的可持续利用要求实现水的良性社会循环，要求进行污、废水的处理和再生回用。这样，在水工业的水量和水质两个方面，水质矛盾就日益突出而上升为主要矛盾。

知识经济时代的水工业有着高新技术化的鲜明特点。高技术有助于保证最优工艺质量，从而改造整个生产工艺方式。计算机技术、信息技术、生物技术、材料科学、自动控制技术、系统科学等新技术及其手段与方法向水工业技术领域的渗透、移植和交叉，推动了水工业工程技术的高新技术化产业化。

传统上，给水排水工程是土木工程的一个分支，水处理工艺过程主要是通过土建构筑物来实现的。现在进入社会主义市场经济以后，在激烈的市场竞争中，水工业开始了设备化的进程，因为设备化，才能更快地实现产业化。设备化便于使技术集成化，以满足市场对技术水平及实用性不断提高的要求，满足对不同水量、水质以及不同技术经济条件下产品成套化和系列化的要求。设备化更便于高新技术向水工业的移植，以带动水工业整体科技水平的提高。所以，水工业也开始了由土木型向设备型的转变，从而反映了水工业的产业化和市场化的方向。

水工业的另一个显著特点是管理的科学化。水工业运营业是水工业的主体。如何提高管理水平、如何保证水的产品质量、如何提高劳动生产率等成为水工业企业科学管理水平的关键。另外，现代管理科学的发展，计算机和自动控制技术的不断发展和应用领域的不断扩大，为水工业管理的科学化提供了硬件基础。

科学管理体系，涉及水资源管理系统，城市供水优化调度系统，城市水处理系统基础数据库，水处理方案优化，水处理CAD，水厂处理工艺流程的优化及自动控制，水工业管理信息库以及城市地理信息系统等领域。随着科学技术的不断发展，水工业企业的管理水平面临一次新的飞跃，对水工业来说，未来的时代将是科学管理的时代。

随着我国社会经济快速发展，水危机即水资源短缺和水环境污染愈来愈严重，并且迄今已发展到对国民经济发展产生严重制约作用的地步。

为了缓解水危机，我国政府和社会已投入大量资金，兴建了大量水工程，极大地推动了水工业的发展，使水工业呈现欣欣向荣的局面。

20世纪是水工业大发展的时代，无论是在对保障人民生命健康、提高人们生活质量、改善生态环境、推动社会经济发展等方面都作出了重大贡献。

20世纪末，美国工程院邀请60个职业工程师学会参与评选20世纪对人类生活质量方面起重要作用的最伟大的工程成就。评选委员会从105个推荐项目中评选并列出20项最伟大的工程技术成就，如下：

①电气化；②汽车；③飞机；④供水及配水；⑤电子器件；⑥无线电和电视；⑦农业机械化；⑧计算机；⑨电话；⑩空调和制冷；⑪高速公路；⑫航天器；⑬互联网；⑭成像技术；

⑮家电；⑯医疗技术；⑰石油和石化技术；⑱激光和光纤技术；⑲核技术；⑳高性能材料。

由上可见，水工业对人类生活质量提高方面的作用名列第四，是非常突出的。它大大增强了水工业从业人员的成就感和荣誉感，也是水工业从业人员的骄傲。

改革开放40年来，我国水工业已经有了很大发展，市政水工程和建筑水工程已经积累了数千亿元的资产。

1.2.2 水工业的产业体系

根据我国目前的情况，水工业产业体系可以初步分为以下四个部分，涉及城市和工业许多领域。

1. 水工业运营业

围绕采集、净化、供给、保护、节约、使用、污水处理和再生回用等互相关联的环节而产生的各种企业和部门构成了水工业企业的主体，这些企业通过水工业工程设施的运行和管理，为社会经济发展的各个领域提供各种各样的水质水量及其载体功能。这些企业按供水对象来划分，主要包括：

- 城镇自来水生产和供应企业
- 工业厂矿供水工程运营部门与企业
- 特种水生产和供应企业
- 城市排水管理单位或企业
- 污水处理和再生单位或企业
- 回用水生产及供应单位或企业
- 建筑水工程运营部门
- 农业水工程运营单位或企业

2. 水工业工程建设业

水工业工程设施是水工业发展的硬件基础，其建设和运行具有独立的技术体系和学科体系作为支撑，以及独特的要求和特点，需要高度专业化的建设和安装企业。水工业工程设施建设和安装业的健全和发展对我国水工业的发展起着重要的保障作用，涉及的工程建设领域主要包括：

- 水资源调控和保护工程
- 取水和输水工程
- 水处理和净化工程
- 供水管网工程和输配工程
- 污水管网工程和输送工程
- 雨水管网工程
- 污水处理和再生工程
- 污水回用工程
- 节水工程
- 城市防洪工程
- 建筑水工程
- 工业水工程

- 农业水工程

3. 水工业设备制造业

水工业设备与器材制造业是水工业发展的支柱工业。涉及的主要技术设备和器材包括：

- 水工业管材与其他器材
- 建筑水工程设备器材
- 优质和安全饮用水净化（成套）专用设备
- 工业水工程专用设备器材
- 农业水工程专用设备器材
- 污水处理和再生（成套）专用设备
- 水工业仪器仪表
- 水工业信息、自动控制系统
- 节水设备与器具
- 工业通用设备
- 水工业药剂

4. 水工业知识产业

水工业知识产业指水工业的科研、设计、开发、服务等水工业综合技术服务业，它是水工业发展和建设的重要软件基础，涉及的服务领域主要包括以下几个方面：

- 工程规划、勘探与设计
- 产品与设备开发、研制和设计
- 水资源和水环境评价
- 技术标准和技术监督
- 科学研究、科学试验和技术开发
- 技术和市场信息咨询服务
- 教育和培训
- 水工业金融投资服务业

任何工业都是一个综合体系，需要多种学科的支持，特别是主干学科的支持。"给排水科学与工程"学科就是支持水工业的主干学科。

"给排水科学与工程"学科是以水的社会循环为研究对象，以水质为中心，研究其水质和水量的运动变化规律以及相关的工程技术问题，在社会主义市场经济条件下，以实现水的良性社会循环和水资源的可持续利用为目标的工程技术学科。

水工业主要以给排水科学与工程学科的科学理论为指导，给排水科学与工程学科以水工业发展中提出的问题特别是前沿课题为研究对象，以科技进步带动水工业发展和进步，"科技是第一生产力"，所以，给排水科学与工程学科对于水工业的发展将起极其重要的作用。

学科是以其研究对象及矛盾的特殊性而相互区别的。但学科除有其不同的内涵外，还有其外延部分，所以各学科相互交叉渗透是普遍现象，并常常在交叉的边缘上发展出新的学科——边缘学科。给排水科学与工程学科也不例外。给排水科学与工程学科的外延，与多种学科有交叉，如水利工程、土木工程、环境工程等。在第8章中将阐述给排水科学与工程同这些学科的关系。

第2章 水的利用与水源保护

2.1 水 资 源

2.1.1 水资源的含义与特性

1. 水资源的含义

水是地球上最为普遍存在的物质之一。是人类生存与社会发展中一种不可缺少的、极为重要的自然资源，其价值十分丰富广泛，通常可表现为维持生物生存、社会生产正常运转的功能价值；维持生态平衡、提供良好生息条件的环境价值；以及蕴藏在水流里的能量价值等诸多方面。

在国内外的一些权威书刊中，对"水资源"的定义有不同的叙述，如在《简明大不列颠百科全书》中认为：世界水资源包括地球上所有的（气态、固态或液态）天然水的总量。而联合国教科文组织和世界气象组织共同编制的《水资源评价活动——国家评价手册》中则将水资源定义为：可资利用或有可能被利用的水源，具有足够的数量和可用的质量，并能在某一地点为满足某种用途而被利用。《中国大百科全书》中水资源的定义是：地球表层可供人类利用的水，包括水量（水质）、水域和水能资源，一般指每年可更新的水量资源。

从中可看出，水资源的定义有广义和狭义之分。广义的水资源是指地球上所有的水。不论它以何种形式、何种状态存在，都能够直接或间接的加以利用，是人类社会的财富，属于自然资源的范畴。狭义的水资源则认为水资源是在目前的社会条件下可被人类直接开发与利用的水。而且开发利用时必须技术上可行、经济上合理且不影响地球生态。此外，狭义的水资源除了考虑水量外还要考虑水质。不符合使用水质标准，或用现有技术和经济条件难以处理达到使用标准的水也不能视为水资源。极地冰川是地球上最大的淡水资源，但是由于远离人类聚居区，利用时很不经济；山地冰川利用起来虽然较极地冰川容易，但直接利用时会造成山地冰川的不可恢复性破坏，因而只能利用自然融化的山地冰川水；海水是地球上最大的水体，但由于其含盐高，因而除了少量的用于海水淡化、直接冲厕或工业冷却外，还没有被人类大规模地开发利用。

因此，自然界中的水，只有同时满足三个前提时才能被称为水资源，即：①可使用性——可作为生产资料或生活资料使用；②可获得性——在现有的技术、经济条件下可以得到；③天然性——必须是天然（即自然形成的）来源。

"水资源"较准确完整的定义是：在现有的技术、经济条件下能够获取的、并可作为人类生产资料或生活资料的水的天然资源。通常所说的"水资源"是指陆地上可供生产、生活直接利用的江河、湖沼以及部分贮存在地下的淡水资源，亦即"可利用的水资源"。这部分水量只占地球总水量的极少一部分。

如果从可持续发展的角度来看，水资源仅指一定区域内逐年可以恢复更新的淡水量，具体来说是指以河川径流量表征的地表水资源，以及参与水循环的以地下径流量表征的地下水资源。对一定区域范围而言，水资源的量并不是恒定不变的。它随用水的目的与水质要求的不同、科学技术与经济发展水平的不同而变化。

2. 水资源的特征性

从上面的分析可知，水和水资源是不同的概念。不是任何地方、任何状态的水都是水资源。作为一种自然资源，水资源有其特征性，认识这些特性对合理开发利用水资源有着重要意义。

(1) 再生性与有限性

水在太阳的辐射及地球气象因素的作用下，会有气、液、固三种形态不断的转化、迁移，形成水的循环，使地球上的各种水体不断得到补给、更新，使水资源呈现再生性。但是，水资源的可再生性并不表明水是"取之不尽，用之不竭"的，相反，水资源是非常有限的。全球陆地上可供生产、生活直接利用的液态淡水资源仅占全球水量的0.796%，除去其中目前还难以开采的深层地下水，实际能够利用的水只占全球水量的0.2%左右。从动态平衡的观点看，某一时期的水量消耗量应接近于同期的水量补给量，以维持全球水平衡。因此，地球上通过各种水循环的水总量是一定的，世界陆地年径流量约为470000亿m^3，可以说这是目前可资人类利用的水资源的极限。

(2) 时空分布上的不均匀性

水资源的时空变化是由气候条件、地理条件等因素综合决定的。各区域所处的地理纬度、大气环流、地形条件的变化决定了该区域的降水量，从而决定了该区域水资源的多少。我国位于欧亚大陆东部，主要受季风气候的影响，降雨随东南季风和西南季风的进退而变化，水资源的时空变化非常大。年降水量的地区分布是濒临东南沿海的地区湿润多雨，深入亚洲腹地的西北大陆由于高山和山脉的阻隔，加上距离海洋遥远，干旱少雨。年降水的年内分布也很不均匀。春暖后，南方开始进入雨季，随后雨带不断北移。进入夏季，全国大部地区处在雨季，雨量集中。秋后，随着夏季风的迅速南撤，天气很快变凉，雨季结束。水资源在时空分布上的不均匀性使得一些区域的可更新水量非常有限。一旦实际利用量超过可更新的水量，就会面临水资源的不足，发生水荒甚至水资源的枯竭，造成严重的生态问题。

(3) 利弊的两重性

前已述及，在常温下水主要以液态的形式存在，具有流动性和很强的溶解性。这种流动性使水得以拦蓄、调节、引调，从而使水资源的各种价值得到充分的开发利用，不仅广泛应用于农业、工业，还用于航运、发电、水产、旅游和环境景观等多种用途。同时也使水具有一些危害，它会造成洪涝灾害、泥石流、水土的流失与侵蚀等。另外，水在流动并与地表、地层及大气相接触的过程中会夹带和溶入各种杂质，使水质发生变化。这一方面使水中具有各种生物所必需的有用物质，但也会使水质变坏、受到污染。这些都体现了水具有利弊的双重性。

(4) 社会性与商品性

水资源有着多种功能，并渗透到人类社会的各个领域。它既为人类提供生活资料，又为人类的生产活动提供生产资料、能源与交通运输条件。水资源的多种用途与综合经济效益是其他自然资源难以相比的,对人类社会的进步与发展起着极为重要的作用,充分体现了水的社会性。由于水具有利用的广泛性与社会性,具有一般物品难以替代的价值,且水资源经供水部门提供给用水部门后已成为用来交换的产品,因而具有一定的商品属性。科学、合理地建立居民用水、工农业用水的价格机制,有步骤、有条件地实行以政府宏观调控为主体的水业市场经济运作,是体现水的这种商品应有的价值,合理利用宝贵水资源的重要途径之一。

水具有许多有益于人类的价值,但是它也会给人类带来灾害。水资源的这些特性表明对它的开发利用是一个极其复杂的综合工程,应尽可能考虑涉及的各个方面,最大可能地做到兴利除弊。

2.1.2　地球上的水资源

1. 地球上的总水量

地球的表面积约为 5.1 亿 km^2,其中陆地面积为 1.49 亿 km^2,占地表总面积的29.2%;海洋面积为 3.61 亿 km^2,占地表面积的 70.8%。严格地讲,地球是一个水球。

地球上水的总量为 14.6 亿 km^3,其中海洋、咸水湖等咸水量为 14.21 亿 km^3,占97.3%;淡水 0.39 亿 km^3,占 2.7%。淡水中有 77.2% 储藏在极地和冰川中;约有22.4% 为地下水和土壤中水;约有 0.35% 在湖泊和沼泽中;大气中为 0.01%;江河中的淡水不到 0.01%。表 2-1 列出了地球上各种类别水的储量分布。

地球上各种类别水的储量分布　　　　　　　　　　　表 2-1

序号	类　　别	水储量($10^{12}m^3$)	占总储量比(%)	占淡水储量比(%)
1	海洋水	1338000	96.5	
2	地下水 其中地下咸水 地下淡水	23400 (12870) (10530)	1.7 (0.94) (0.76)	 30.1
3	土壤水	16.5	0.001	0.05
4	湖泊水 其中咸水 淡水	176.4 (85.4) (91.0)	0.13 (0.006) (0.007)	 0.26
5	冰川与永久雪盖	240064.1	1.74	68.7
6	永冻土底冰	300.0	0.022	0.86
7	沼泽水	11.47	0.0008	0.08
8	河网水	2.12	0.0002	0.006
9	生物水	1.12	0.0001	0.003
10	大气水	12.9	0.001	0.04
	总计	1385984.61	100	

注:本表来源联合国水会议文件,1977。

2. 淡水资源

前面提到,可为人类开发利用的水资源主要是淡水资源,它与人类生产、生活关系最为密切。地球上的淡水资源分为液态、固态和气态淡水三类。

(1)液态淡水

全球液态淡水量为 $10662.6×10^{12}m^3$,占总淡水量的 30.41%。主要分为湖泊水、沼泽水、河流水、土壤水和地下淡水。湖泊是陆地上重要的储水体，全球淡水湖的总储水量在 $91.0 \times 10^{12} \sim 124.9 \times 10^{12} \, m^3$ 之间。沼泽水是一个特殊的水体，它并没有开阔的水域，只是陆地上层土壤中含有大量停滞水分的过湿地段，其总水量约为 $11.47 \times 10^{12} \, m^3$。河流水是最便于人类利用的天然水资源，但由于河流水量受各地季节的影响很大，且同一河流上下游水深变化不定，很难确定全球河流的总储水量。经估算全球河床静储水量为 $2.12 \times 10^{12} \, m^3$。土壤水是指贮存于地球表面最上部 2m 以内土层中的水，一般这一深度内土层平均湿度为 10%，据此计算，全球土壤水的储量为 $16.5 \times 10^{12} \, m^3$。液态淡水总量的绝大部分都是存在于地壳岩石裂缝或土壤空隙中的地下淡水。表 2-2 列出了全球液态淡水储量的组成。

全球液态淡水储量 表 2-2

类 别	水量（$10^{12} \, m^3$）	占液态水（%）
湖 泊 水	102.5	0.96
沼 泽 水	11.47	0.108
河 流 水	2.12	0.02
土 壤 水	16.5	0.155
地下淡水	10530.0	98.25
总 计	10662.59	100

注：本表来源联合国水会议论文，1977。

（2）固态淡水

全球固态淡水是指分布于南北两极地区、格陵兰岛冰盖冰雪及高山上的冰川和积雪储水，还有地下永冻带中的储水。全球冰雪覆盖面积为 $1.51 \times 10^7 \sim 1.63 \times 10^7 \, km^2$，占陆地面积的 11%，冰雪平均厚度达 1463m，总储水量为 $24364 \times 10^{12} \, m^3$，占全球淡水资源量的 68.7%，是全球河床储水量的 12000 倍。此外，地下永冻带中的储水也不容忽视，其水量达 $300 \times 10^{12} \, m^3$，是河床储水量的 140 多倍。全球固态淡水储量按地区分布情况见表 2-3。

全球固态淡水储量 表 2-3

项 目	地区分布	冰的面积		储 水 量	
		（$10^4 \, km^2$）	占地面冰总面积（%）	（$10^{12} \, m^3$）	占地面冰总量（%）
地面冰雪	南 极	1398.01	86.15	21600	89.76
	格陵兰岛	180.24	11.10	2340	9.72
地面冰雪	北 极	22.6	1.39	83.5	0.35
	欧 洲	2.14	0.13	4.09	0.02
	亚 洲	10.908	0.67	15.63	0.06
	北 美 洲	6.752	0.42	14.06	0.06
	南 美 洲	2.50	0.15	6.75	0.03
	其他地区	0.104	0.006	0.11	0.005
	总 计	1622.75	100	24064.1	100
地下永冻土底层储水		2100.0		300	
总 计				24364.1	

注：本表来源联合国水会议论文，1977。

（3）气态淡水

气态淡水是指大气圈中的水，它来自海洋表面、陆地表面的水分蒸发和动植物体内水分的蒸发，以水汽、水滴和冰晶等的形式存在，其总水量约为 $12.9 \times 10^{12} \, m^3$。尽管气态水占水资源的量很小，且目前人类对它的利用还不多，但它也是属于人类可资利用的淡水资源之一。

3. 径流资源

世界上 70% 的淡水资源是以冰雪的形式分布于远离人口稠密的地区，至今难以大规模利用，其余 30% 的淡水贮存于地下及地表的江、河、湖泊之中。从永续利用的观点来看，只有其中积极参与水分循环的那部分水量，即利用后可恢复的那部分水量才能计算作为可资利用的淡水资源量。全球河流的多年平均入海径流量基本上代表了这部分水资源量，它既包含了大气降水量和高山冰川融水形成的地表水动态，又包括了绝大部分的地下水动态，充分反映了淡水资源的数量和特征。因此称世界水资源量时常常是指全球河流入海径流量。

全球陆地平均年降水量约为 800mm，蒸发量 485mm，全年入海总径流量为 $47 \times 10^{12} \, m^3$，占全球淡水总储量的 0.13%，地表淡水储量的 0.19%。在世界上所有河流中，南美洲亚马逊河年径流量最大，为 $6.93 \times 10^{12} \, m^3$，占世界入海径流量的 14.7%；其次为非洲的扎伊尔河，年径流量 $1.414 \times 10^{12} \, m^3$，占世界年径流量的 3%；我国长江年径流量 $0.98 \times 10^{12} \, m^3$ 位居第三，占世界年径流量的 2.1%。表 2-4 列出了各大洲径流资源的比较。

各大洲径流资源比较　　　　　　　　　　　　　　　　　　　　　　　　表 2-4

项目 州名	人口（万人）	径流总量		人均径流量 （m³/a）
		$10^{12} \, m^3$	占全球（%）	
亚　洲	291140	14.410	30.8	4950
欧　洲	77892	3.210	7	4121
非　洲	58940	4.570	10	7754
北美洲	41315	8.200	17	19848
南美洲	27912	11.760	25.1	42132
大洋洲	2527	2.388	5.1	94490
南极洲		2.310	5	
合　计	577029	46.848	100	9325

注：本表来源《水资源导论》，1991。

4. 海水资源

海洋是地球上最大的水体，海洋水占地球上总水量的 97%。海水因其含有较多的盐分，目前还不便于人类直接广泛利用。但是，它是人类可资利用的自然资源。海水资源包括淡水资源、化学资源、动力资源和水生生物资源。

海水是水循环的主要来源，每年它向大陆输送的水分总量达 $122000 km^3$，其中，形成降水量 $98000 km^3$，是生产淡水的天然资源。在一些淡水资源极端缺乏的国家和地区，如中东和一些海岛，海水淡化是其获取淡水的主要来源。随着科学技术的发展，海水淡化技术的应用日益广泛。到 2013 年，全球已有海水淡化厂 17277 座，日产量已超过 8 千万

m^3。其中80％用于饮用水，解决了1亿多人的供水问题。世界上日产量超过100m^3的淡水工厂达12500个，遍及120多个国家和地区。

广义上的海水资源还应包括以下方面：

海水中含有80多种元素，且各种元素的储量相当可观。黄金在海水中有500万t以上；铀超过45亿t；镁1800万t以上；溴95万亿t；食盐4亿亿t，另外还含有钾、芒硝、硼、锶、锂和碘等物质都可以从海水中提炼出来。目前，全世界每年从海水中提取5000万t食盐、金属镁和氯化镁200万t、溴20多万t。

海水运动蕴涵着巨大的动力资源。海洋中每年波动能总量达236520亿kW·h，潮汐能每年达3500亿kW·h。另外，海水上下部温差也蕴含着巨大的能量，温差发电将有良好的发展前景。美国已建成10万kW级温差发电厂。

海洋中的动植物也异常丰富，每年为人类提供大量的生物资源，仅渔业产量每年就达6千多万t。

5. 水能资源与水的生物资源

水作为一种资源，被广泛地应用于人类生产和生活活动中，有的是消耗性用水，在于其数量和质量；还有的是非消耗性用水或少消耗性用水，如用于发电、水产、航运等，在于其水能资源和水的生物资源。

人类利用水能发电已有100多年的历史。全世界的水能资源理论容量为50.5亿kW，可能开发的水能资源估算装机容量为22.61亿kW。地球上水能资源的储量及可开发的水能资源的分布很不均匀。各国对水能资源的开发利用也很不均匀。在可开发的装机容量22.61亿kW中，亚洲为9.05亿kW，约占世界总量40％，但是利用程度较低。欧洲水能发电的潜力只有亚洲的1/4，但其开发出的电力已接近亚洲的两倍。工业发达国家拥有水能资源占全世界的30％，它们已生产的水电却占全世界的80％。水能发电是一种廉价的资源，又是一种清洁的能源。在当今世界能源匮缺紧张的状况下，积极合理地开发利用水能发电是十分重要的。

水是生命之源。无论是江河湖海都有生物存在。单以海洋来说就有着20多万种海水生物，其中动物18万多种，植物2.5万多种。各种不同的水生生物所形成的生物链中有许多是重要的水产资源，为人类提供了丰富的生活物质和有用的工业原料。

2.1.3 水的循环

地球上的水不是静止的，而是不断运动变化和相互交换的，使水始终处于循环运动之中。水的循环分为自然循环和社会循环两种。

1. 水的自然循环

（1）水循环

自然界中的水在太阳辐射能和地心吸引力的作用下，通过海洋、湖泊、河流等广大水面以及表土、植物茎叶的蒸发和蒸腾变成水汽，上升到空中凝结为云，在大气环流——风的推动下，传播到各处。在适当条件下又以雨、雪等形式降落下来到海洋或陆地表面。这些降落下来的水分，在陆地上分成两路流动：一路在地面上汇集成江河湖泊，称为地面径流；另一路渗入地下，成为地下水，称为地下渗流。这两路水流有时相互交流转换，最后都注入海洋。与此同时，一部分水经过水面和地面的蒸发以及植物吸收后茎叶的蒸腾又进入大气圈中。此后再经凝结、输送、降水和汇流构成为一个巨大的、连续的动态系统，这种川流不息、循环往复的过程叫做自然界中的水文循环或水的自然循环。图 2-1 是水的自然循环示意图。

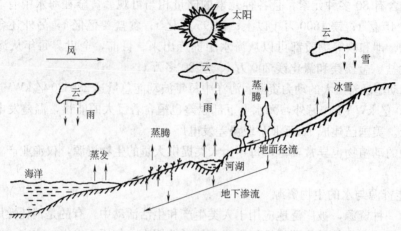

图 2-1　水的自然循环

根据循环过程中地域和路径的不同，水的自然循环又可分为大循环和小循环。一般来说，水被蒸发后，凝结成雨，未经很大距离的移动就降回原处附近的这种局部的循环路径称为小循环，也叫内循环或局部循环。而水从海面蒸发后，被风携带迁移到大陆上空，经凝结降落到地面，通过河流再汇聚入海的这种海洋和陆地间的循环路径称为大循环，也叫外循环。大循环与小循环之间有十分紧密的联系。大循环不是独立运行的循环，众多的小循环参与其中。小循环是大循环的补充。

（2）水循环的基本特点

水循环是自然界最主要的物质循环之一。在水循环的过程中，通过水分数量和状态的变化，起到输送热量、调节气候的作用。水的不断循环和更新还为淡水资源的不断再生提供条件。因此，水循环和人类和生物的生存有着密切的关系。

水循环具有下列基本特点。

① 从全球角度看，水循环过程中的总水量是平衡的。全球多年平均总蒸发量和全球多年平均总降水量相等。根据联合国统计资料，地球表面水分总蒸发量每年为 577000km³，全球每年降水量也是 577000km³。这就是参加水循环的总水量，与全球总水量 14 亿 km³ 相比，只占 0.041%。

② 在地球水分总蒸发量中，海洋面的蒸发量年均为 505000km³，占 87.5%，陆地蒸发量年均为 72000km³，占 12.5%。而在全球总降水量中，海洋降水量年均为 458000km³，它小于蒸发量。这部分剩余的水量（47000km³）通过大循环被气流输送及降落到大陆和岛屿，形成径流，在那里补给河流、湖泊、冰川、地下水，促进自然生态的平衡和人类活动与经济的发展。这就是说，海洋上的蒸发量等于海面降水量与陆地注入海洋的径流量之和。同时，陆地年平均降水量为 119000km³，要多于其蒸发量，也是因为算上了那部分径流量的结果。表 2-5 列出了地球上蒸发、降水和径流情况。不过，海面输送到陆地上空的水汽只占海洋总蒸发量的 9%，即海陆之间水交换的有效水量只占很小一部分。

地球上蒸发、降水和径流情况　　　　　　　　　　　　　　表 2-5

分区	面积（$10^4 km^2$）	水量（km^3）		
		蒸发	径流	降水
海洋	36100	505000	47000	458000
陆地	14900	72000	47000	119000
全球	51000	577000		577000

③ 水循环不仅维持着地球上各种水体水量上的平衡，而且使水体水质不断更新。水存在的形式不同，其循环更新周期相差很大，生物水、大气水、河川水的更新周期较短，海洋、冰川等更新周期较长。表 2-6 为地球上各种水体的循环更新周期。由表可知，河川水的更新周期为 16 天，这种较快的更新速度对人类获取淡水资源具有特别重要的意义，也是水资源成为地球上能自行恢复或可再生的一种资源的原因。从水资源利用的角度看，水体更新速度越快，水资源可利用的程度就越高，受污染的水体水质恢复也越快。

地球上各种水体的循环更新周期　　　　　　　　　　　　表 2-6

水体类型	更新周期（年）	水体类型	更新周期（年）
永冻带底冰	10000	沼泽	5
极地冰川和雪盖	9700	土壤水	1
海洋	2500	河川水	16d
高山冰川	1600	大气水	8d
深层地下水	1400	生物水	几小时
湖泊	17		

注：本表来源陈家琦《水资源学概论》，1996。

④ 水循环对于全球环境的结构和环境的演变有着深刻的作用和影响。例如：降水形成的径流对地面的冲刷和侵蚀作用，造成了各种地貌形态，有沟壑、洼地、河川、湖泊、沼泽；水流把冲刷下来的泥砂夹带输送到低洼地区，长期堆积又会形成平原。水在其吸热和散热过程中传递了热量，参与了气温的调节。水循环还使营养盐和其他物质得到传递和输送，滋养了各处的生物。如此等说明，水循环影响着自然界中一系列物理过程、化学过程和生物学过程，影响到全球的环境。自然环境和社会环境的变化又会反过来影响水循环。

2. 水的社会循环

（1）水与人类的关系

水对于人类来说是一种不可缺少的重要物质，它与人类的生存和社会的发展密切相关。

① 水是生命的摇篮。水具有很多独特的物理化学性质，它们对孕育生命具有重大意义。水是一种很好的溶剂，但是不能溶解蛋白质和其他分子复杂的有机物。这就保证了生物可以从水中获得所需要的营养而自身不被溶解。

人体的生命活动，如消化、造血、新陈代谢、细胞合成、生殖等生理过程都是在水的参与下进行的。一个成年人体内的水分总量占自身体重的 $70\%\sim75\%$，新生婴儿体内含水量达 80%。健康的人处于水分平衡状态。如果这种平衡状态被打破，就要影响正常生活。当人体内的水分比正常量减少 1%～2% 时，就会感到口渴；若减少 5%，人就会皮肤起皱，意识模糊；当人体失水达到 14%～15% 时，生命无法维持，就会死亡。在正常情况下，成年人每天需要补充 2～4L 的水。据生理学研究，一个人不吃食物，一般可存活 4 周甚至更长，但如果 3 天不补充水分，就有可能危及生命。

② 水是人类环境的重要要素之一。同位素示踪法证明光合作用释放出的氧来自于水，也就是说水是大气层中氧气的主要来源。除降水在地表的径流创造了各种地貌形态、自然景观，使人类环境丰富多彩外，水对调节自然环境有着特殊的作用。水是自然界比热最大的物质，它不但能吸收大量的热，而且散热过程也很慢，地球上 3/4 的表面是海洋，它起到气温调节器的作用，使地球上的大部分地区适于生物的生长。

③ 水是农业的命脉。这里的农业包括种植业、林业、畜牧业和渔业。农业生产的对象是有生命的植物和动物，它们的生长都离不开水。农业用水量在各类用水中居第一位，一般都占总用水量的 2/3 以上。1975 年全世界农业用水量就已达 21000 亿 m^3，约占总用水量的 73%。其中灌溉用水量占农业用水量的 90%。生产 1kg 小麦耗水 600～800kg，生产 1kg 水稻耗水 800～1200kg。一棵直径中等粗细的榆树每天的蒸腾量至少 100kg。不同自然条件、不同作物组成、不同灌溉方式，用水量大小也不相同。在我国，用传统的漫灌和畦灌方式，灌溉用水量 7500m^3/hm^2，而喷灌和滴灌仅为 3000m^3/hm^2。动物的生长也离不开水。一头牛每天需水 50～80kg，一头羊每天需水 15～20kg。能得到充分饮水的动物的生长比饮水不足的动物快。

④ 水是工业的血液。任何工业生产过程都离不开水。工业用水量仅次于农业用水居第二位，但是其增长速度惊人。2000 年全世界工业用水量已达到 19000 亿 m^3，是 1900 年 300 亿 m^3 的 63 倍多。全世界工业用水量占该年总用水量的比例也从当年的 7.5% 上升到 33%。按照水在生产过程中的作用，可将工业用水划分为冷却水、空调水和工艺水等。冷却水是指在生产过程中作为吸热介质，带走多余的热量的用水。在火电、冶金、化工等行业中，冷却水占总用水量的比例达 80%～95%。空调水是指调节生产车间温度和湿度的用水。工艺水是指在生产过程中与原料或产品掺混在一起的水。在纺织、造纸、食品工业中，工艺水占总用水量的 40%～70%。产品与工艺不同，耗水量变化很大。开采 1t 石油耗水 10m^3；生产 1t 钢材需水 50m^3；发 1 万 kW·h 电耗水 100m^3；生产 1t 纸需水 200m^3；制造 1t 聚酯合成纤维需水 4200m^3。各工业企业的实际耗水量会因生产方式、设备水平、用水管理和自然条件的不同而不同。一般工业用水量以万元产值用水量来说明。我国万元产值用水量平均为 600～700m^3。

⑤ 水是城市发展繁荣的基本条件。城市、乡镇的建立和发展都要依赖于水源条件。随着城市的发展、人口的增加、生活水平的提高，生活用水量会不断扩大。同时，与之配套的环境景观用水、旅游业用水、服务业用水都会不断增加，没有充足的水资源，其发展就会受制约。我国的不少城市如天津、大连、青岛等市因城市的发展，用水量越来越大，使得水资源严重短缺，反过来制约了城市的发展，不得不从远处河流引水，以解缺水之急。

另外，水上航运是交通运输的重要组成部分，它对人类的经济生活有着重大的影响。水还是能量的载体。水能是一种重要的清洁能源，在社会生活中起着举足轻重的作用。总之，水的用途十分广泛，人类社会的各个方面都与水有着密不可分的联系，应该科学、合理、有效地对水资源进行开发和利用。

（2）水的社会循环

人类为了满足生活和生产的需要，要从各种天然水体中取用大量的水，其中有的还需作必要的净化处理以满足用水的质量要求。这些生活和生产的用水经使用后，混入了生活和生产过程中的各种污染物质成为生活污水和生产废水，它们被排放出来，经过一定的净化处理，去除污染物质后最终又流入天然水体。这样，水在人类社会中构成了一个局部的循环体系，这就叫做水的社会循环，如图2-2所示。用通俗的话说，人类社会为生存与发展，向自然界"借"水，使用后处理干净，又把水"还"给自然界。这个"借"水与"还"水的过程，就是水的社会循环。

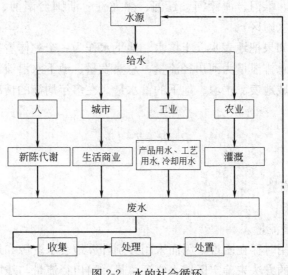

图 2-2　水的社会循环

这里顺便说一下，前面曾提到过的水的自然循环，无论是大循环或小循环，都是地球上水分按客观规律进行的自然行为。人类活动如森林采伐、荒地开垦、拦河筑坝、运河开凿、房屋建筑、修建道路机场、温室气体排放等都会影响水的蒸发、蒸腾、降水、径流，从而对水的自然循环产生一定的冲击和干扰，这应当予以足够的重视。但是相对于自然规律，人类在现阶段对水的自然循环所能施加的影响力还是有限的，全球的水量每年总体上是平衡的。

然而人们对水的社会循环的各个环节却可以施加重大影响。水的社会循环量的多少、使用后废水的水质与排放量以及对废水的处理程度等方面人们都可以进行控制。因此，人们应尽可能利用自己的影响，使水的社会循环更加有效、合理，人类社会得以可持续发展。这正是给排水科学和工程工作者应承担的主要任务。

2.2　中国水资源状况

2.2.1　我国的水资源概况

国际上对水资源总量的计算有不同的方法，国外多以河川径流量作为水资源总量，而我国则除河川径流地表水量外，还包括一部分地下水资源量。因此，通常所说的水资源是指在陆地表面及表层中短期内可由降水补给更新的淡水资源，它包括地表水资源和地下水资源两部分。地表水资源量通常可用地表水体的动态水量即河川径流量来表示。地下水资源量一般是以埋藏浅、补给条件好、容易更新可恢复的浅层地下水资源来表征。

大气降水是河川径流量和地下水的主要补给来源。我国多年平均降水量为 648.4mm（低于全球陆地降水量 834mm），年降水总量为 61889 亿 m^3，其中只有约 44% 形成地表径流，即全国地表水径流总量为 27115 亿 m^3，其余少部分补充地下水，而大部分又蒸发为水汽。

为了便于对水资源的评价，通常按流域水域将全国分为十个一级区和一个附区，它们是长江、黄河、珠江、淮河、海滦河、辽河、黑龙江、浙闽台诸河、西南诸河和内陆诸河，以及额尔齐斯河（附区）。

在一个区域内，如果把地表水、土壤水、地下水作为一个整体看待，则天然条件下的总补给量为降水量；总排泄量为河川径流量、总蒸发量、地下水潜流量之和。总补给量与总排泄量之差为该区域地表、土壤、地下的蓄水量。在多年均衡的情况下，蓄水量可以忽略不计。于是，

$$P = R + E + Ug$$

式中　P——降水量；

　　　R——河川径流量；

　　　E——总蒸发量；

　　　Ug——地下水潜流量。

上述公式实际应用时存在困难，因而采用分别计算地表水资源和地下水资源量，再扣除两者的重复计算量的方法来确定区域水资源总量。河川径流量与浅层地下水资源量之间有密切的转换关系，地下水不断获得地表水补给的同时，也不断地补给地表水，成为地表径流的重要组成部分，因而当分别计算地表径流量与地下水资源量时，两者之间存在重复计算量。因此，不能将河川径流量与地下水资源量直接相加作为水资源总量，而应扣除两者之间互相转化的重复水量。

$$W = R + Q - D$$

式中　W——水资源总量；

　　　R——河川径流量；

　　　Q——地下水资源量；

　　　D——地表水和地下水互相转化的重复水量。

按上面所说，全国多年平均年地表水径流量为 27115 亿 m^3，而多年平均年地下水资源量为 $8288 \times 10^8 m^3$，两者之间的重复计算水量为 7279 亿 m^3，扣除重复水量后，全国多年平均年水资源总量为 28124 亿 m^3。北方六片（含额尔齐斯河）多年平均年水资源总量为 5358 亿 m^3，占全国水资源总量的 19%；南方四片多年平均年水资源总量为 22766 亿 m^3，占全国水资源总量的 81%。表 2-7 是分区和全国各流域水资源总量表。其中年平均产水量是指年平均单位面积的土地上所能获得的水资源量，表明了该地区水资源的丰富程度。

各流域水资源总量（除注明外均为 $10^8 m^3$）　　　　　　表 2-7

流域名称	地表水平均年资源量	地下水平均年资源量	重复计算	平均年水资源量	年平均产水量 $(10^4 m^3)/(km^2)$
黑龙江流域片	1165.9	430.7	244.8	1351.8	14.96
辽河流域片	487.0	194.2	104.5	576.7	16.71
海滦河流域片	287.8	265.1	131.8	421.1	13.24
黄河流域片	661.4	405.8	323.6	743.6	9.63
淮河流域片	741.3	393.1	173.4	961.0	29.91
长江流域片	9513.0	2464.2	2363.8	9613.4	53.16
珠江流域片	4685.0	1115.5	1092.4	4708.1	81.08
浙闽台诸河片	2557.0	613.1	578.4	2591.7	108.08
西南诸河流域	5853.1	1543.8	1543.8	5853.1	68.75
内陆诸河片	1063.7	819.7	682.7	1200.7	3.61
额尔齐斯河	100	42.5	39.3	103.2	19.57
北方六片合计	4507.1	2551.1	1700.1	5358.1	8.83
南方四片合计	22608.1	5736.6	5578.4	22766.3	65.41
全国总计	27115.2	8287.7	7278.5	28124.4	29.46

注：本表来源于中国自然资源丛书，水资源卷 1995。

2.2.2　我国水资源的特点

我国国土辽阔，人口众多，是一个发展中的大国。由于这种特定的地理、气象、人口、经济等因素的影响，使我国水资源状况有着自己的特点。

1. 总量、人均、亩均特点

世界上许多国家均以河川径流作动态水资源量进行计算，用多年平均河川径流量近似代表水资源量。我国河川径流量 27115 亿 m^3，仅低于巴西（51912 亿 m^3）、苏联（47140亿 m^3）、加拿大（31220 亿 m^3）、美国（29702 亿 m^3）和印度尼西亚（28113 亿 m^3）居世界第六位。从总量上看，我国水资源并不少，但是我国人口众多，耕地面积大，从人均和亩均的角度看，我国水资源并不丰富。我国人口按 13 亿计，人均占有水量仅 2086m^3/人，约为世界人均水量的 22.3%，排居世界第 128 位。我国耕地单位面积占有水量只有 1750m^3/亩，仅相当于世界平均水平 2400m^3/亩的 3/4 左右。因此，从人均和亩均水量来看，我国是世界上的缺水大国，甚至被列为世界上 13 个贫水国家之一。随着人口的增加和经济的发展，我国愈来愈多的地区出现水资源供需紧张的状况。

这里要附带说一下，由于统计资料的来源不同、计算时段不同，因此，各种版本的书籍、资料中有关水资源、水量的数据会略有差别。

2. 地区分布特点

由于降水量受大气环流、海陆位置及地形、地势等因素的影响，我国水资源量在地区上存在"南多，北少；东南多，西北少"的格局，且相差悬殊。全国年平均径流深 284mm，其中长江流域及其以南的珠江流域、浙闽台诸河和西南诸河等南方 4 片，都在 500mm 以上。北方六片中，淮河流域最大为 225mm，约为全国平均值的 80%，黄河、海滦河、辽河、黑龙江四片均在 150mm 以下，内陆河流域片仅为 32mm，约为全国的 11%。

除了水资源本身地区分布不均外，水资源的地区分布与人口和耕地的分布很不相应。南方四片面积占全国面积的 36.5％，人口占全国的 54.4％，但是水资源总量却占 81％，人均占有水量为 3106m³，约为全国的 1.5 倍，亩均占有水量为 4130m³，为全国均值的 2.3 倍。北方辽河、黄河、淮河、海滦河四片总面积占全国的 18.7％，相当于南方四片的一半，但是水资源量仅有 2702 亿 m³，仅相当于南方四片水资源的 12％。这一地区（空间）分布的不均匀性，更突显了北方和西北地区水资源的紧缺。

3. 年内及年际分布特点

我国水资源在时间（季节）上的分配也很不均匀。我国地处中低纬度，主要是受季风气候的影响。秋冬季以西北风为主，大部分地区在从西北内陆来的冷高压控制之下，寒冷少雨。春夏季吹东南风，受东南来的暖湿海洋气团影响，从海洋上带来大量的水汽，气候温暖，雨量充沛。夏半年占全部水资源的 70％～75％以上，冬半年不足 25％。长江中下游地区全年降水量为 1200～1400mm，夏季（6、7、8 三个月）可达 600～800mm，冬季（12、1、2 三个月）不足 200mm；新疆塔里木盆地，全年降水量约为 50～80mm，冬季几乎无水，夏季可达 30～60mm。

我国水资源在年内分布上不稳定，年际变化也很大。我国降水量取决于冬夏季风的进退，每年冷暖气团的交汇随着季风强弱，进退早晚和滞留强度的变化而变化，年际相差很大。一些地区多水年洪水泛滥，少水年赤地千里。

降水量和径流量年际间的悬殊差别和年内高度集中的特点，不仅给开发利用水资源带来了困难，也是水旱灾害频繁的根本原因。

2.2.3 我国水资源紧缺的社会因素

前面说过，我国总的水资源量为 27115 亿 m³，人均占有水量 2086m³，仅为全世界人均水占有量的 22.3％，水资源严重短缺，是世界上缺水的国家之一。随着我国经济的发展、人口的增加和人民生活水平的提高，用水量会越来越大，水资源短缺问题会越来越严重。一些社会的、人为的因素会加剧因自然因素所造成的我国水资源短缺的尖锐矛盾。

1. 人口的增加和城市化用水标准的提高使水资源供需矛盾越来越突出

表 2-8 是我国人均用水量与国外的比较。可以看出目前我国人均用水量比世界平均用水量低得多。即使在如此低用水量的情况下，我国已经出现了严重的缺水问题。据统计，1991 年我国有 154 个城市缺水，年缺水量 32 亿 m³，1998 年有 192 个城市缺水。2000 年全国 668 个建制市中，有近 400 个城市存在供水不足的问题，其中有 110 个城市严重缺水，年缺水量达 60 多亿 m³。随着我国城市化的进程加快，人民的生活水平也在不断提高，人口还在增加，这都需要大量的水资源。2010 年我国年总用水量为 6022 亿 m³（表 2-9），预计到 2030 年人口增至 16 亿时，人均水资源量只有 1750m³，而全国用水总量可能达到 7000 亿～8000 亿 m³。届时我国水资源短缺的问题将更为严重。

我国人均用水与世界人均用水比较（单位 L/d）　　　　　　　　表 2-8

地　　区	人均用水量	大城市人均用水量			中小城市人均用水量
		最高	平均	最低	
我国情况	90	200～250	100～150	50～100	50～70
世界平均	200～300	600	300	100	100

2. 我国农用耕地需水量很大，农用水量十分紧缺

我国是农业大国，可耕地约有 21750 万 hm²，实际耕地约为 12750 万 hm²。耕地中干旱半干旱地区的耕地面积就占 52.5%，那里的年降水量不足 400mm，不灌溉，农业就没有收成，故需水量很大，每年农用总水量约为 3800 亿 m³，约占全国总用水量的 70%（另 21% 和 9% 分别为工业用水和城市生活用水）。农用水量中有 80% 用于灌溉。由于灌溉方式、农田水利基础设施、耕作制度、水价等种种原因，我国农业灌溉用水的利用系数只有 0.35，与先进国家的 0.8 相比，水的利用率很低。这也加剧了农用水量的紧缺。近年来不少地区改进了灌溉方式，用水量略有下降，但水仍旧是困扰我国农业发展的一个主要问题。

3. 我国工业用水量增长极快，但是用水效益低

我国工业发展十分迅速，用水量增加很快，从解放初到现在，几乎增加了 50 倍，特别是改革开放以来，增加幅度更大。火力发电、纺织印染、石油化工、造纸和冶金是高用水行业，约占全国工业用水量的 70%。水使用后，如果有净化处理和重复应用，耗水量会大幅度降低。但我国这些行业中工业用水的重复利用率较低，尤其是许多乡镇企业，用水浪费很大，大部分只是一次性使用后就排掉，加上废水、污水处理不当，水质污染严重。

表 2-9 是我国工业、农业和生活用水量的比较。

中国用水量的比较（$10^8\,m^3$）

表 2-9

水的用途	1949 年	1957 年	1965 年	1979 年	2002 年	2005 年	2008 年	2010 年
城市生活	6	14	18	49	619	675	729	766
工 业	24	96	181	523	1142	1285	1397	1447
农 业	1001	1938	2545	4195	3739	3580	3663	3689
总 计	1031	2048	2744	4767	5500	5633	5910	6022

4. 水资源已有明显减缩

我国的水资源矛盾表现在：一方面是因人口增长、城市化加快和工农业发展而使需水量和用水量飞速增加；另一方面却是由于围湖造田、森林砍伐等人类活动破坏了地表水环境，以及由于对地下水的过量开采，使地表水和地下水资源已有明显减缩。解放以来，我国湖泊数量由 2800 个减至 2350 个。单单围湖造田已促使我国湖面缩小了 13300km²，损失淡水 350 亿 m³，如洞庭湖面积减少了约 1700km²。

我国地下水资源多年平均总量为 8000 亿 m³（台湾和西藏未计入），其中平原孔隙水和山区裂隙水各为 3000 亿 m³，岩溶水为 2000 亿 m³。地下水可开采量为 2900 亿 m³。一些地区由于过量超采，形成许多地下水的降落漏斗。华北地区地下水位每年平均下降 12cm；北京地区地下水位每年则以 1m 的速度下降；山东地下水位沉降面积每年扩大 1000km²，1988 年漏斗深至 15m，最深处达 100m。此外，沿海地区由于地下水位下降，海水倒灌使地下水水质恶化。

5. 水污染严重

改革开放以来，由于城市化加快和工农业迅速发展，全国的用水量飞速增加，与此同时，废水的排放量也逐年升高。1981 年全国废水总排放量为 292 亿 t，到 1993 年为 355.6 亿 t，2014 年已达 715.6 亿 t，其中生活污水 510.3 亿 t，占 71.3%，工业废水 205.3 亿 t，占 28.7%，多年来的统计资料表明，工业废水的排放比例在不断降低，而生活污水的排放比例逐年升高（见表 2-10）。

中国废水排放量　　　　　　　　　　　　表 2-10

年份	总量(亿 t)	工业废水		生活污水	
		亿 t	百分比	亿 t	百分比
1993	355.6	219.5	62.0%	136.1	38.0%
1997	416	227	54.6%	189	45.4%
1998	395	201	50.9%	194	49.1%
1999	401	197	49.1%	204	50.9%
2000	415.1	194.2	46.8%	220.9	53.2%
2001	428.4	200.7	46.8%	227.7	53.2%
2002	439.5	207.2	47.1%	232.3	52.9%
2003	460.0	212.4	46.2%	247.6	53.8%
2004	482.4	221.1	45.8%	261.3	54.2%
2005	524.5	243.1	46.3%	281.4	53.7%
2006	536.8	240.2	44.7%	296.6	55.3%
2007	556.8	246.6	44.3%	310.2	55.7%
2008	571.7	241.7	42.3%	330.0	57.7%
2009	589.7	234.5	39.8%	355.2	60.2%
2010	617.3	237.5	38.5%	378.8	61.5%
2011	659.2	230.9	35.0%	428.3	65.0%
2012	684.8	221.6	32.3%	463.2	67.7%
2013	695.4	209.8	30.2%	485.6	69.8%
2014	715.6	205.3	28.7%	510.3	71.3%

这些废水中相当一部分未经妥善处理就排入水体，致使水污染状况严重。近些年来，虽然加大了一些处理力度，但水污染总体形势依然严峻。据国家环境保护部发布的 2014 年中国环境状况公报，全国 423 条河流、62 座重点湖泊（水库）的 968 个国控地表水监测断面（点位）的监测数据中，符合我国《地表水环境质量标准》Ⅰ、Ⅱ、Ⅲ、Ⅳ、Ⅴ 类和劣Ⅴ类水质的断面比例分别为 3.4%、30.4%、29.3、20.9%、6.8% 和 9.2%。也就是说，尚有接近一半的水（Ⅳ、Ⅴ类和劣Ⅴ类）受较重污染，不能作为饮用水源。

一些原来水量较丰富的地区由于水体受到污染，也因此而无好水可用，造成了所谓的"水质性缺水"或"污染型缺水"，加剧了水资源的紧张。

6. 用水方式落后，水资源浪费惊人

与发达国家相比，我国用水方式落后和管理薄弱，浪费大，用水效率低。工业用水的重复利用率只有 50%～60%，而发达国家可达 70%～80%，一些主要工业如钢铁、化工已达 95%。近年来，虽然有所改善，如我国的钢铁工业每生产 1t 钢耗水由先前的 56m^3下降到 1999 年的 28.8m^3，但发达国家平均仅为 6m^3，美国和日本分别只需 4.0 和 2.1m^3，差距仍不小。如前所述，农业灌溉用水量也浪费惊人，大多数地区采用漫灌方式，每年耗水 15000m^3/hm^2，超过农作物需求的 1 倍以上。农业用水的利用率不到 45%。在城市供水管网中，渗漏损失的水量也不可小视，据统计漏失率约达 7%～8%，有的城市高达 10% 以上。仅此一项，全国城市自来水供水损失每年约为 15 亿 m^3。

由于用水过程中管理不善，浪费水资源而造成的缺水可称为"管理型缺水"。

综上所述，水资源作为人类生存和社会发展的一种宝贵的资源必须十分珍惜。我国的水资源相当紧缺，是由于资源型缺水、水质型缺水和管理型缺水三种情况形成的。应采取措施（技术的、经济的、法律的、道德的）保护水源、治理污染、合理开发、节约用水，使有限的水资源得到科学的开发和利用，以保障社会得以实现可持续发展。

2.3 水的利用与给水水源工程

前面提到，水的用途很广，主要有生活、工业、农业等各种用水，以及水生生物生态、水力发电、交通航运，景观旅游、水上运动等。这些都应统筹规划，做到科学合理的开发和利用。在水的社会循环中，从事水的采集、净化、处理、加工、输配等事务的行业是水工业。本书侧重讨论与水工业有关的各种用水水源的开发利用工程。

2.3.1 水源及其特点

各种用水水源可分为两大类：地下水源和地表水源。地下水源按水文地质条件和地下水的分类，包括潜水（无压地下水）、自流水（承压地下水）和泉水；地表水按水体的存在形式有江河、湖泊、蓄水库和海洋。两类水源具有迥然不同的特点。

地下水受形成、埋藏、补给和分布条件的影响，一般有下列特点：水质澄清、色度低、细菌少、水温较稳定变幅小、分布面广且较不易被污染，但水的含盐量和硬度较高，径流量有限。在部分地区，受特定条件和污染的影响，可能出现水质较浑浊、含盐量很高、有机物含量较多或其他污染物含量高的情况。

大部分地区的地表水，因受各种地面因素影响较大，通常表现出与地下水相反的特点，如浑浊度和水温变化幅度较大，水质易受到污染；但是水的含盐量及硬度较低，其他矿物质含量较少。地表水的径流量一般较大，但水量和水质的季节变化明显。

作为用水水源而言，地下水源的取水条件及取水构筑物构造简单，施工与运行管理方便；水质处理比较简单，处理构筑物的投资及运行费用较低，且人防卫生条件较好。但是，对于规模较大的地下水取水工程，开发地下水源的勘查工作量较大，开采水量因径流量有限而通常受到限制。

相对于地下水源，地表水则常因水量充沛、能满足大量用水需要而成为城市和工业企业的用水水源。但地表水的取水条件，如地形、地质、水流状况、水体变迁及人防卫生条件均较复杂，所需水质处理构筑物较多，投资及运行费用也相应增大。

用水水源的选择是给水工程的关键。在选择时应注意以下原则：①首先应当对当地水资源状况作充分的调查，所选水源应水量充沛可靠，水质良好，便于防护，保障供水的安全性与可靠性；②可优先考虑符合卫生要求的地下水作为生活饮用水源，但取水量应小于允许开采量，必要时可考虑地下水源与地表水源联合使用；③全面考虑，统筹安排，妥善处理给水工程同有关部门，如工业、农业、航运水电、生态建设、环境保护等方面的关系，以求合理地综合利用开发水资源；④应考虑取水构筑物本身建设施工、运行管理时的安全，注意相应的各种具体条件，如水文、水文地质、工程地质、地形、人防卫生等。

2.3.2 地下水取水

1. 地下水的存在形式和类型

自然界中的水存在于大气层、地表及地壳，分别称为大气水、地表水和地下水。三者是互相联系的一个整体，并在一定的条件下相互转化。前面说过，海洋和陆地表面的水由太阳热作用蒸发成水汽进入大气，大气中的水汽随气团移至上空并凝结成降水而落到地面。大气降水一部分蒸发直接返回大气，一部分形成地表径流，另一部分渗入地下被含水层贮存或转输，形成地下水。地下水又由于地下自然径流、植物蒸腾或人类活动而重返地表或大气，处于动态平衡状态。这种循环对地下水的形成有决定性的意义。

地下含水层由不同的岩石组成。所谓岩石，按其地质成因可分为沉积岩、岩浆岩和变质岩三种。无论是较为松散的沉积岩还是坚硬的岩浆岩和变质岩，都有不同形状、大小、数量的空隙。这些空隙有松散岩石中的孔隙、坚硬岩石中的裂隙和可溶岩中的溶隙（溶洞），它们为地下水的赋存提供了必要的空间条件。

（1）地下水的存在形式

埋藏在地表以下岩石孔隙、裂隙和溶隙中的水就是地下水。地下水的存在形式通常分为气态水、吸着水、薄膜水、重力水、毛细水和固态水。

气态水主要来自大气圈或岩石中水分的蒸发，遇冷凝结，同空气一道存在于未被水饱和的岩石空隙中。它的特点与水蒸气相同，有很大的活动性，能从绝对湿度较大的地方向绝对湿度小的地方移动。因此气态水的凝结不一定是在蒸发地点进行，这对岩层中水的重新分布有很大影响。

吸着水是由分子力和静电力的作用吸附于岩石颗粒表面极薄一层的水，约数十排分子层的厚度，结合很牢固，难以用一般方法将它与岩石颗粒分开。因此表现出许多不同于普通水的特征，如不受重力支配，不传递静水压力，不能溶解盐类，无导电性等。只有在温度大于105～110℃时，吸着水才能转化为气态水。在细颗粒和黏土质岩石中吸着水含量可达15%～18%，在砂土中含量不超过5%。

在吸着水外围，分子力和静电力的影响逐渐减小。在厚度约数百个水分子直径范围内形成一层水膜，称为薄膜水。它同颗粒的结合不如吸着水那样牢固，呈现出一些过渡性的特征：如不传递静水压力，不受重力影响，但可自膜较厚处移至较薄处；黏性较大，溶解盐类的能力差；外层水能被植物吸收。实际上，吸着水和薄膜水之间并无明确分界面，它们合称为结合水。

当薄膜厚度继续增大，分子力和静电引力不能继续吸引薄膜外层的水时，水即受重力影响而移动，这样就形成可以自由移动的所谓重力水。它的特征和普通水相同，能传递静水压力，有溶解和冲刷力，其运动完全服从水力学规律。重力水就是通常所说的可用作水源的地下水。

在地下水面以上的疏松岩石中，还存在着毛细水。它是由岩石细小空隙的毛细管作用产生的。毛细水不受固体表面静电引力的作用，而受表面张力的影响，因此是一种半自由水。它的上升高度与毛细管直径及颗粒形状、排列有关。

此外，当岩石的温度低于水的冰点时，空隙中的水液态水会冻结成冰，转为固态水。北方冬季常会出现冻土层，就是地下水受冻固所致。

上述各种形式的地下水在地下的垂直分布是有规律的。有如挖井，在地面以下接近地表的岩土比较干燥，湿度尚不足，实际上可能已有气态水和吸着水存在。往下湿度渐变大，但仍无水滴，此处已有毛细水。继续深挖就会出现渗水现象，并逐渐在井内形成水面，这便是重力水带的水面，即地下水位。通常把地下水位以上至地表未被地下水所饱和的一段称为包气带。包气带自上而下又分为土壤水带（气态水和吸着水）、中间水带（吸着水和薄膜水）和毛细水带。地下水位以下的岩石孔隙为重力水充满，称为饱水带（亦称饱和带）。具有实际开采利用价值的是饱水带，因为只有重力水才能被取水构筑物集取。地下水的垂直分布示意如图 2-3 所示。

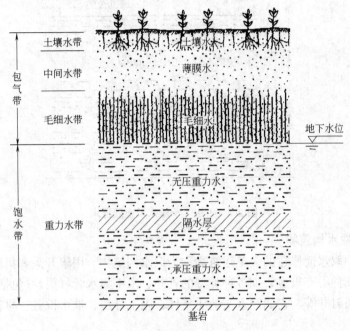

图 2-3 地下水垂直分布示意图

饱水带以下的岩层并不都是含水层。含水层不但贮存有相当数量的水，而且水可以在其中自由移动。有些岩层中虽含有水分，但水在岩层中却不能自由移动，即不具有允许相当数量的水透过自己的性能，这种岩层称为隔水层。黏土层就是隔水层的例子。

（2）地下水的类型

作为给水水源，地下水可按其埋藏条件分为上层滞水、潜水和承压水三种类型（图 2-4）。

上层滞水是指在地表以下包气带中赋存于局部隔水层之上、具有自由水面的重力水。其特点是靠近地表，直接靠大气降水或地表水补给，故季节性变化大，水量小且极不稳定，旱季甚至干枯无水；水质差，易受污染。这种地下水通常只能作小型或临时水源。

潜水是埋藏于地下饱水带中第一稳定隔水层之上、具有自由表面的重力水。它的上部没有连续完整的隔水顶板，因此可通过上部透水层与地表相通，其自由表面称为潜水面。潜水的特点是：靠近地表，主要靠大气降水和地表水补给，与地表水的联系密切，水量较大但不稳定；埋藏深度不大，便于开采；水体较易受污染和蒸发，水质差，选作给水水源时应全面考虑。

充满于两个稳定隔水层之间的重力水，叫承压水。承压水没有自由水面，水体承受静水压力，与有压管道中的水流相似。其特点是与地表的直接联系基本被隔绝，故不能直接从地表获得补给；大气圈中各种气象要素和地面环境的变化对其影响较小，不易受到污染，卫生条件可靠；水量大且比较稳定。承压水适宜作为给水水源。

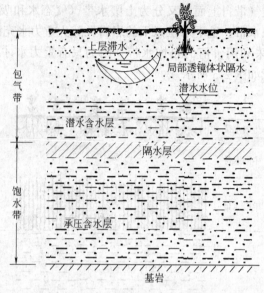

图 2-4　潜水、承压水及上层滞水

2. 地下水取水构筑物

为从水源中取水而修建的人工建筑物称为取水构筑物。用于开采和集取地下水的取水构筑物的形式和种类有很多，如各种类型的管井、水平集水管（渠）（包括坎儿井）、大口井、复合井与辐射井等。它们因水文地质条件、施工方法、抽水设备、材料不同而有各种各样的构造。

（1）管井

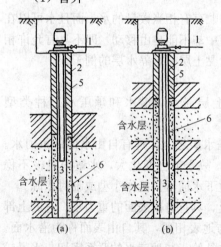

图 2-5　管井一般构造示意图
（a）单过滤器管井；（b）多过滤器管井
1—井室；2—井壁管；3—过滤器；
4—沉淀管；5—黏土；6—填砾

在地下水取水构筑物中用得最多的是管井。管井的口径一般为 150～1000mm，深度为 10～1000m。通常所见的管井直径多在 500mm 上下，深度小于 150m。在工程实践中，常将深度在 20～30m 以内的管井称为浅井，深度在 20～30m 以上的管井称为深井；将直径小于 150mm 的管井称为小管井，直径大于 1000mm 的管井称为大口径管井。由于管井便于施工，因此被广泛用于各种类型的含水层，但习惯上多半用于采取深层地下水。在地下水埋深大于 15m、厚度大于 5m 的含水层中可用管井有效地集取地下水，单井出水量常在 500～6000m³/d，最大可达 2 万～3 万 m³/d。

管井一般由井室、井壁管、过滤器、沉淀管和填料组成。图 2-5 是管井的一般构造示意图。

管井的建造通常包括钻凿井孔、井管安装于井管外封闭、洗井、抽水试验等程序。

在规模较大的地下水取水工程中经常需要建造由很多口井组成的取水系统即井群。井群中各井之间存在着相互影响、相互干扰，导致在水位下降值不变的条件下，共同工作时各井出水量小于各井单独工作时的出水量；或是在出水量不变的条件下，共同工作时各井的水位下降值大于各井单独工作时的水位下降值。在井群取水设计时应考虑这种互相干扰。井群的运行应采用集中控制。

（2）大口井

大口井是开采浅层地下水的一种主要取水构筑物。它的直径一般为 3～8m，深度一般小于 20m。农村或小型给水系统也有用直径小于 3m 的大口井。受施工条件及大口井尺度的限制，大口井多限于开采埋深小于 20～30m、厚度不大于 5～15m 的含水层。单井的出水量可从 500～10000m³/d，也有更大的。大口井的构造主要由上部结构、井筒和进水部分组成。上部结构是大口井露出地面的部分，应注意卫生防护和安全。井筒一般用混凝土或砖、石等来砌筑，用以加固井壁或隔离水质不良的含水层。进水部分包括井壁进水孔（或透水井壁）和井底反滤层。

大口井有完整式和非完整式之分（图 2-6）。完整式大口井贯穿整个含水层，只能从井壁进水。非完整式大口井则可以从井壁和井底进水，它的水力条件比完整式的好，集水范围大，井底反滤层不易被堵塞，当含水层厚度大于 10m 时一般都采用非完整式大口井。

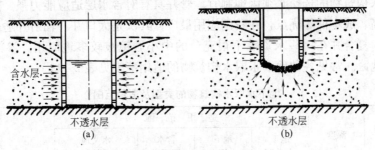

图 2-6 大口井的构造示意图
（a）完整式；（b）非完整式

（3）水平集水管与渗渠

水平集水管和渗渠都是水平式取水构筑物。水平集水管一般只用于集取地下水，而渗渠则也可部分或全部集取地表水。在不特别区分的情况下，将它们通称为渗渠。渗渠的直径或断面尺寸为 200～1000mm，常用 600～1000mm，长度为几十到几百米（少数渗渠的断面或长度可能很长，如新疆的坎儿井）。埋深一般为 5～7m，最大不超过 8～10m。渗渠出水量一般为 10～30m³/(d·m)，最大可达 50～100m³/(d·m)。

渗渠取水系统的基本组成部分有水平集水管（渠）、集水井和水泵站。另外，通常每隔 50～100m 建一检查井，有时为了截取河床地下水还建相应的潜水坝。

（4）复合井与辐射井

复合井是由非完整大口井与不同数量的管井组合而成的，各含水层的地下水分别为大口井和管井集取并同时汇聚于大口井井筒，如图 2-7 所示。它适用于含水层较厚、地下水位较高，单独采用大口井或管井不能充分开发利用含水层的情况。

辐射井是由大口井和水平集水管复合而成。通常又分为非完整式大口井与水平集水管的组合和完整式大口井与水平集水管的组合。另外，还有由集水井与水平或倾斜集水管组成，地下水全部由集水管集取，集水井只起汇集来水的作用。集水管管径一般为 100～

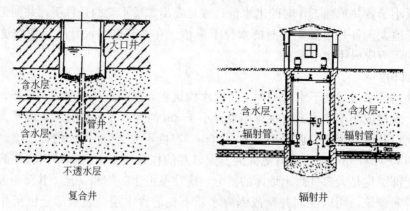

图 2-7　复合井和辐射井

250mm，管长为 10～30m，集水井直径不小于 3m，深一般为 10～30m。由于扩大了进水面积，辐射井的单井出水量较大，一般为 5000～50000m³/d，甚至高达 10 万 m³/d。

我国地域辽阔，地下水资源状况及供水要求、施工条件等各不相同，开采取集地下水的方法和取水构筑物的选择必须因地制宜。管井具有对含水层适应能力强、施工机械化程度高、效率高、成本低等优点，在我国应用最广；其次是大口井。辐射井适应性最强，但施工难度大。复合井在一些水资源不很充分的中小城镇被较多地应用。渗渠多应用在西北、东北等地区。常见各种地下水取水构筑物的适用范围见表 2-11。

地下水取水构筑物的类型及适用范围 　表 2-11

类型	尺寸	深度	适 用 范 围				出水量
			地下水类型	地下水埋深	含水层厚度	水文地质特征	
管井	井径 50～1000mm，常用 150～600mm	井深 20～1000m，常用在 300m 以内	潜水，承压水	200m 以内，常用在 70m 以内	大于 5m，或有多层含水层	适用于任何砂、卵石、砾石地层及构造裂隙、岩熔裂隙地带	单井出水量 500m³/d，最大可达 2～3 万 m³/d
大口井	井径 2～10m，常用 4～8m	井深 20m 以内，常用 6～15m	潜水，承压水	一般在 10m 以内	一般为 5～15m	砂、卵石、砾石地层，渗透系数最好在 20m/d 以上	单井出水量 500～1 万 m³/d，最大为 2～3 万 m³/d
辐射井	集水井直径 4～6m，辐射管直径 50～300mm，常用 75～150mm	集水井深常用 3～12m	潜水，承压水	埋深 12m 以内，辐射管距不透水层应大于 1m	一般大于 2m	补给良好的中粗砂、砾石层，但不可含有漂石	单井出水量 5000～5 万 m³/d，最大可达 30 万 m³/d
渗渠	直径 450～1500mm，常用 600～1000mm	埋深 10m 以内，常用 4～6m	潜水，河床渗透水	一般埋深 2m 以内	一般为 4～6m	补给良好的中粗砂、砾石层、卵石层	一般为 10～30m³/(d·m)，最大为 50～100m³/(d·m)

注：本表来源于《水资源利用工程与管理》，1998。

2.3.3 地表水取水

1. 河流特征及其对地表水取水的影响

地表水主要是指河流、湖泊、水库等水体里的水。与地下水相比，地表水一般具有水量较充沛、分布较广泛的特点，因此，许多城市和工业企业常常取用地表水作为给水水源。据统计，现阶段我国各种水源工程（包括城市生活用水、工业用水、农村和农业用水等）的取水总量为 5497 亿 m³，其中，地表水源取水量占 80.1%，地下水源取水量占19.5%，其他水源占 0.4%。可见，地表水取水有着重要意义。由于河流、湖泊、水库等水体的差异很大，取水条件各不相同，相应的取水构筑物也不同。

河流取水构筑物最具有代表性，因为大多数的地表水取水构筑物都是从河流取水的。河流中的水流特性及河床条件决定了取水构筑物形式的选择；反过来取水构筑物也可能引起河流自然情况的变化。因此，选择取水构筑物时应全面综合考虑河流条件，避免带来的负面影响。这些条件有：

（1）河流的径流变化

河流径流的变化，即河流的水位、流量及流速变化，是河流的主要特征之一，是建设取水构筑物时首先必须考虑的因素。影响河流径流的因素主要有地区的气候、地质、地形、土壤、植被等自然地理条件及河流的流域面积与形状。它们都会引起河流径流在不同时间、地点的变化。在建设取水构筑物时，必须了解河流历年的最小与最大流量；历年最高与最低水位；历年的月、年平均流量与平均水位；其他情况下如春秋两季流冰期、冰塞、潮汐时的最高水位及相应的流量；上述情况下相应的河流最大、最小和平均水流流速及其在河流中的分布情况。这些径流资料与变化规律是考虑取水工程建设的重要依据。

（2）泥砂运动和河床演变

河流在形成和流动过程中常挟带一定数量的泥砂。河流中的泥砂按其运动状态可分为推移质和悬移质两大类。推移质也称底砂，在水流作用下沿河底滚动、滑行和跳跃前进，这类泥砂一般粒径较粗，通常只占河流总泥砂的 5%～10%，但对河床演变起着重要作用。悬移质也称悬砂，粒径较小，是悬浮于河水中随水流浮游前进的泥砂。推移质和悬移质的区别并不是绝对的。同样的泥砂在水流较缓时可表现为悬移质；在水流较急时，可以表现为推移质。

河流中泥砂的运动，实际上是水流与河床之间的相互作用。水流冲刷河床，引起河床的变化；河床限制水流，引起水流的变化。河床和水流的这种相互影响、相互制约导致水流挟砂能力的不同，继而又造成河床的冲刷与淤积，引起河床演变（如弯曲、分汊、游荡等）。在选择取水构筑物的位置时，必须充分考虑河流的泥砂运动和河床演变。一般都将取水构筑物选在河床稳定的河段，如果是弯曲河段，则应设在凹岸，此处岸陡水深，泥砂不易淤积，水质较好，但也应避开凹岸主流的顶冲点。

（3）河床的岩性、稳定性

取水构筑物的位置，一般应选在河岸稳定、岩石露头、未风化的基石上，或其他地质条件较好的河床处。尽可能不选在不稳定的岸坡，也不能选在淤泥、流砂层和岩溶的地区。

（4）河流冰冻情况

北方地区的河流在冬季会封冻。河流所处纬度不同，冰冻期长短不同，冰冻过程会使河流的正常径流遭到破坏而影响取水构筑物的运行安全，如流冰及碎冰屑会粘附于取水口，使取水口堵塞；冰盖及其厚度的不同会影响取水构筑物的形式等，因此在北方河流选择取水构筑物时，要详细了解河流冰冻情况，仔细考虑它们对取水构筑物的影响。

（5）人工构筑物和天然障碍物

河道中常存在一些突出河岸的陡崖和石嘴等天然障碍物，也常建有各种人工构筑物，如桥梁、码头、拦河闸坝等，它们都会引起河流中水流及河床形态的变化。在选择取水构筑物的位置与形式时，必须考虑已有人工构筑物和天然障碍物的影响。

2. 地表水取水构筑物位置的选择

在选择地表水取水构筑物位置时，应考虑下面一些基本要求：

① 具有稳定的河床和河岸、靠近主流、有足够的水深；

② 河水水质和河段卫生条件良好；

③ 具有良好地质、地形及施工条件；

④ 靠近主要用水地区；

⑤ 避开河流上人工构筑物和天然障碍物的影响；在我国北方地区要考虑避免冰凌的影响；

⑥ 应与河流的综合利用（如航运、发电、灌溉、排洪等）相适应。

3. 地表水取水构筑物的分类

地表水取水构筑物的类型很多，按构造形式一般将它们分为三类，即固定式取水构筑物、移动式取水构筑物和山区浅水河流取水构筑物。

（1）固定式取水构筑物

固定式取水构筑物按取水点的位置来分，有岸边式、河床式和斗槽式（如图 2-8）。

直接从岸边进水的固定式取水构筑物，称为岸边式取水构筑物。当河岸较陡、岸边有一定的取水深度、水位变化幅度不大、水质及地质条件较好时，一般都采用岸边式取水构筑物。岸边取水构筑物通常由集水井（进水间）和取水泵站两部分构成，它们可以合建也可以分建。合建的优点在于布置紧凑、总建造面积较小、水泵的吸水管路短、运行安全、管理维护方便、有利于实现泵房自动化。分建式岸边取水构筑物是将集水井建在岸边，取水泵站则在岸内地质条件较好处分开建立，对取水条件的适应性较强，但管理维护较不方便。

河床式取水构筑物由取水头、进水管渠、集水井及泵站组成。它的取水头设在河心，通过进水管与建在河岸的集水井及泵站相连接。这种取水构筑物适于岸坡平缓、主流离岸较远、岸边缺乏必要的取水深度或水质不好而河中有较好水质的情况。它的适应性较强，应用较普遍，但取水头在河心施工困难，且不便于清理和维修。

斗槽式取水构筑物一般由岸边式取水构筑物和斗槽组成。它要在取水口附近修建堤坝，形成斗槽，以加深取水深度，同时亦可起到预沉淀的作用。斗槽按水流补给方向可有顺流式斗槽、逆流式斗槽和双向式斗槽。它适于取水量大或河流泥砂量大、冰凌严重的情况。

（2）移动式取水构筑物

在水源水位变化幅度大，供水要求急和取水量不大时可考虑采用移动式取水构筑物。

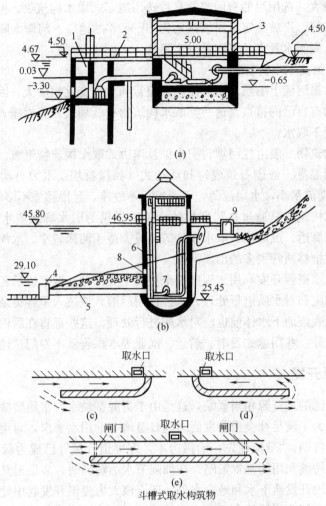

（a）

（b）

（c） （d）

（e）
斗槽式取水构筑物

图 2-8 岸边式、河床式、斗槽式取水构筑物
（a）岸边式取水构筑物；（b）河床式取水构筑物；（c）顺流式斗槽；
（d）逆流式斗槽；（e）双流式斗槽
1—进水间；2—引桥；3—泵房；4—取水头部；5—自流管；
6—集水间；7—泵房；8—进水孔；9—阀门井

移动式取水构筑物可分为浮船式和缆车式。

浮船式取水构筑物主要由船体、水泵机组及水泵压水管与岸上输水管之间的连接管组成。它没有复杂的水下工程，也没有大量的土石方工程，船体可由造船厂制造，也可现场预制，施工简单，工期较短，基建费用低，机动灵活，适应性强。但缺点是操作管理麻烦，易受洪水、风浪和航运影响，供水安全性较差等。浮船式取水适用于水位变化幅度较大，涨落速度在 2m/h 以下，枯水水深不小于 1.5～2m，水流平稳，流速较缓，风浪较小的河段。

缆车式取水构筑物是建造于岸坡上汲取江水或水库表层水的取水构筑物。主要由泵车、坡道、输水管及牵引设备组成，其中泵车可通过牵引设备随水位涨落沿坡道上下移动。它具有供水可靠、施工简单、水下工程量小、投资较少等优点。水位涨落幅度较大且水流速度及风浪较大，选用浮船有困难时常可选用缆车式取水构筑物。但它的位置宜选择在河岸地质条件较好、岸坡稳定且岸坡倾角为 $10°\sim28°$ 的地段。河岸太陡，所需牵引设备过大；岸坡太缓，则吸水管太长，容易发生事故。

（3）山区浅水河流取水构筑物

山区河流通常属河流上游段，河狭流急，流量和水位变化幅度大，因此适于山区浅水河流的取水构筑物有自己的特点。这一类取水构筑物有低坝式和底栏栅式。主要目的都是为了抬升水位，便于取水。

低坝式取水构筑物一般由拦河坝、引水渠及岸边式取水构筑物组成。其中拦河坝又分为固定式（通常用混凝土或砌石筑成）和活动式（如橡胶坝、水力自动翻板闸、浮体闸等）。适用于枯水期流量小，水层浅薄，不通航，不放筏，且推移质不多的小型山溪河流。

底栏栅式取水构筑物是通过拦河低坝的坝顶带栏栅的引水廊道取水的。它由拦河低坝、底栏栅、引水廊道、沉砂池、取水泵站等组成。适于河床较窄，水深较浅，河底纵向坡降较大，大颗粒推移质特别多的山溪河流。

取水构筑物是水资源开发利用工程的一个重要组成部分。取水以后还需要根据用水的要求对水量进行调配和对水质进行处理。水经使用后溶入或挟入了各类杂质成了废水和污水，在它们排入地表或地下水体前也应对水质进行处理。这些都将在后面的章节中加以讨论，而水资源的另外一些用途如发电、航运、渔业等本课程就不专门论述了。

2.3.4　水源开发

前面说过，我国的水资源相当紧缺，这是由于资源型缺水、水质型缺水和管理型缺水三种情况形成的。为了满足社会经济发展引起日益增大的用水要求，对用水水源就必须遵循"开源节流"的古训。"节流优先，治污为本，多渠道开源"已成为新时期水资源、特别是城市水资源可持续利用的基本策略。在加强节水治污同时，多渠道开发水源也不容忽视。除了科学合理地开发地下水和地表水外，还应该大力提倡开发利用处理后的污水以及雨水、海水和苦咸水等非传统的水源。

1. 远距离输水和跨流域调水

由于水资源自然分配的不均匀，一些缺水的城市和地区通常想到的是到远处去找水和引水，甚至跨流域调水。譬如我国香港地区缺水就从广东珠江引水；为解决天津市供水水源不足，20 世纪 80 年代初建设了"引滦（河水）入津"工程。最近几年正在实施的"南水北调"工程分别从长江上、中、下游调水，以适应西北、华北各地的发展需要，即南水北调西线工程（从长江上游通天河、雅砻江和大渡河调水到西北地区）、中线工程（从长江中游丹江口水库调水到京、津、华北地区）和东线工程（从长江下游沿京杭运河调水到津、冀、鲁地区）。规划的东线、中线和西线到 2050 年调水总规模为 448 亿 m^3，其中东线 148 亿 m^3，中线 130 亿 m^3，西线 170 亿 m^3。兴建南水北调工程，对缓解我国北方水资源严重短缺的局面，推动经济结构战略性调整，改善生态环境，提高人民群众的生活水平，增强综合国力，具有十分重大的意义。

跨地区、跨流域调水实际上是水资源的一种再分配，它往往是一项巨大的、宏伟的综合性工程。它的实现投资大，时间长。在工程实施和运行过程中必须按照经济规律建立工程建设管理体制、调水管理体制和运营机制，合理配置生活用水、生产用水和生态用水，兼顾经济效益、社会效益和生态效益。要把节水、治污和生态环境保护摆到突出位置，保障调水水质，妥善处理水源区和沿程地区水权经济补偿、环境经济补偿和经济可持续发展的问题。

2. 污水再生回用和污水资源化

绝大多数生活污水和工业废水中，99％以上都是水分，所挟带和溶入的各种污染物质总量只占不到1％。这也是一种水资源，只不过是一种"不够清洁"的水资源。污水再生回用指的是生活污水和工业废水经过妥善处理后作为工业、农业和市政用水的水源。经净化处理后的城市污水可以用作城市绿化用水、景观用水、工业冷却水、地面冲洗水和农田灌溉水等。城市污水作为水源，就近可得、水量稳定、易于收集，目前污水处理技术日臻成熟完善，将它妥善处理后回用是完全可行的。

西方发达国家有许多成功的先例。据报道，美国有357个城市实现了污水回用，其中回用于工业占40.5％，回用于农业占55.3％。有不少城市污水处理厂（sewage treatment plant）改名为"水回收厂（water reclamation plant）"。日本早在1951年就开始了污水回用的实践，主要用于住宅小区和建筑物的生活杂用水（如环卫用水、消防用水、建筑施工降尘用水、洗车用水等），现也用于农田灌溉和河道补给水。东京有的污水处理厂也改名为"造水厂"。此外，俄罗斯、南非、以色列等国也都有污水回用的经验。南非的约翰内斯堡市，自来水中85％加入的是城市再生水，还开创了使污水回用到饮用水的先河。

我国的污水再生回用技术研究已有50多年历史，目前不少城市都有实际工程的应用实践。如北京高碑店污水处理厂、天津东郊污水处理厂将污水经深度处理后用于热电厂冷却水源、绿化杂用及河湖补水；太原北郊回用水工程将水用于钢厂高炉直流冷却水；西安邓家村污水处理厂处理后用于绿化杂用等。随着城市污水处理率的不断增高，污水再生回用必将受到越来越多的重视，特别是对于一些北方缺水城市，污水作为第二水源亦将纳入优先考虑选择的地位。只要回用水的水质标准不断科学合理，回用水的处理技术不断完善可行，回用水和其他水源水的价格逐步遵循市场规律，回用水的产业和使用政策不断成熟完善，那么，污水再生回用一定会成为缓解我国水资源短缺的一条有效途径。

3. 雨水

在水的自然循环过程中的重要一环，雨水起着补充城市水资源量、改善生态环境的关键作用。虽然雨水常使道路泥泞，人们出行和工作生活不便，排水不畅时还可造成城市洪涝灾害，但雨水（除初期雨水外）往往水质优良，是十分宝贵的城市水资源，应加以充分利用。

通过工程技术措施收集、贮存并直接利用雨水，以及通过雨水的渗透、回灌地下水等都是雨水利用。根据供水目的的不同，雨水利用工程可分为：①为解决生活用水和庭院经济用水的工程，如我国西北干旱地区和缺乏淡水资源的海岛地区修建的水窖、贮水池等。这里特别要提一下"母亲水窖"，它是由中国妇女发展基金会2001年开始实施的慈善项目向社会募集善款，重点帮助西部地区因严重缺水而修建于地下的混凝土水窖，用以利用屋面、场院、沟坡等集流设施，有效地蓄集到有限的雨水，以供一年之基本饮用水。②为缓解城市及周围地区的水环境问题而修建的雨洪利用工程，主要是利用城市雨洪弃水回灌地下水或用于卫生、绿化、消防和景观等。如北京市朝阳公园收集道路、绿地、山体表面等雨水，贮存、净化后用于水景和绿化。③大型公共建筑的雨水利用工程，如北京的国家体育场（"鸟巢"）和韩国济州岛西归浦世界杯足球场都建有屋面雨水收集、净化和应用系统。④广义地说，为农业生产需要的雨水工程，如修建梯田、挖掘鱼鳞坑、水平沟等，使雨水就地拦蓄入渗，也是雨水利用的一种。它主要分布于北方黄土高原和华北旱作农业区。

近年来不少城市提出要建设成"海绵城市"的计划。所谓"海绵城市"顾名思义就是能够像海绵一样吸水的城市。下雨时雨水通过一些天然的或人工建成的"海绵体"将雨水吸收、下渗、滞蓄、净化，需要时可将蓄存的水取出并加以利用。城市"海绵体"既包括河、湖、池塘等水系，也包括绿地、花园、可渗透路面等城市配套设施。雨水通过这些"海绵体"下渗、蓄存，最后剩余部分径流通过管网、泵站外排，从而可有效缓解城市内涝的压力。因此，海绵城市则是以"慢排缓释"为雨洪管理理念。据统计，2015 年全国已有 130 多个城市制订了海绵城市建设方案。国家有关部门已颁布《海绵城市建设技术指南》，利于建设方案的执行。

此外，人工降雨（人工增雨）技术的研究和实际应用近年来得到迅速发展，也有望成为缺水地区临时应急的一种水资源。

4. 海水和苦咸水

地球表面 70% 被海洋覆盖，海水资源十分丰富，但因含盐量太高（最高可达 35000mg/L 左右），除非经脱盐处理，否则很难直接供工业和生活饮用。前已述及，由于水资源紧缺，不少国家和地区，特别是发达国家和中东缺水国家，多年来致力于海水脱盐淡化技术的开发和研究，现在已可以通过蒸发蒸馏、离子交换、电渗析、反渗透、冷冻法等技术有效地将海水淡化成饮用水。据国际脱盐协会（IDA）统计，到 2013 年全球已有海水淡化厂 1.7 万多座，合计装机容量为 8090 万 m³/d，其中最大的海水淡化厂在沙特阿拉伯，日产淡水 48 万 t（多级闪蒸法）和 11.4 万 t（反渗透法）。我国海水淡化研究起步早（1958 年），近年来也有较大发展。继西沙群岛日产 200t 电渗析海水淡化装置成功运行后，又先后在舟山建成了日产 500t 反渗透海水淡化站，在大连长海建成日产 1000t 海水淡化站。2003 年 11 月日产 1 万 t 反渗透海水淡化工程在山东荣成投产。之后又分别兴建了河北曹妃甸、浙江舟山六横等处的万吨级海水淡化。据不完全统计，截至 2014 年底，我国已建和在建的海水淡化项目 100 多个，装机总规模约 110 万 t/d。目前，国内最大的膜法海水淡化工程是天津大港新泉海水淡化工程和青岛百发海水淡化工程，规模为 10 万 t/d，最大的蒸馏法海水淡化工程是北疆电厂日产 20 万吨海水淡化工程。海水淡化技术的主要缺点是成本高，大约是传统淡水源的 3～4 倍。然而，随着淡化技术的进步，传统淡水源水价的上涨，两者之间的费用差会越来越小，海水淡化将会成为人们获取淡水的一个重要来源。

同时，我国不少内陆地区，如甘肃、宁夏及山西、河北等，地下水中含盐量有数千mg/L，俗称"苦咸水"，难以生活饮用。对于缺水干旱地区，苦咸水也是一种可以开发应用的水源。在河北沧州已建成了我国最大的日产 18000t 苦咸水淡化工程。

另外，海水作为一种水资源，也可以不经脱盐淡化，只经灭菌、杀生和除藻处理后直接用作工业用水和生活杂用水。这种海水直接利用的途径大致有：①用作工业冷却水；②用作冲厕、消防、冲洗道路等生活杂用水；③用作工业生产用水，如建材、印染、制碱、制药及海产品加工等行业；④用作电厂冲灰、烟气洗涤、除尘脱硫等其他用水。由于海水的特殊水质，在海水用水系统中要妥善解决防垢阻垢、材料防腐、海生物防治及使用后排放处理等问题。

总之，海水替代淡水是缓解沿海地区水资源紧缺的一条重要途径，愈来愈受到世界上沿海国家和地区的重视。

未来的水源还可向深层地下水开采、高山冰川人工融化冰雪等方面开拓发展。

2.4 水资源的保护与管理

前已论及，水是一种人类社会赖以发展而又不可替代的极为重要的资源，水资源的紧缺已成为我国经济高速发展的一种制约，因此对水资源的有效保护和科学管理就具有十分重要的意义。

当前我国在水资源的开发利用过程中，一方面是水资源紧缺且又受到严重污染，另一方面又缺乏科学管理，导致在水资源的开发利用方面存许多问题，主要表现在：①用水浪费，管理不善。耗水量最大的农业用水中灌溉用水浪费极大，许多地方还在采用大水漫灌；我国万元产值以上的工业耗水量比工业发达国家高出 5 倍以上；全民节水意识差，用水浪费严重。②开采不当，水环境恶化。上游水资源的过度开采，造成下游水流减少，导致生态环境变坏；加上有些地区长期以来河流、湖泊不适当的围垦使河流变窄、湖容减小。不仅淡水资源大量损失，而且消弱了防洪能力，造成水环境的恶化。地下水的无计划超采，使水资源枯竭，地面下沉。③污染严重，淡水资源减少。各种工业和生活的废水多数未经妥善处理排入河流、湖泊之中，甚至渗入地下水，恶化和减少了淡水资源。

针对水资源开发利用中存在的这些问题，必须采取措施，加强水资源的保护与管理，实现水资源的良性循环和可持续利用。

2.4.1 水资源保护

水资源保护的内涵是采取法律、行政、经济、技术等综合措施，对水资源实行积极的保护与科学管理：一方面是对水量的合理取用及对其补给源的保护，包括对水资源开发利用的统筹规划、涵养及保护水源、科学合理用水、节约用水、提高用水效率等；另一方面是对水质的保护，包括制定有关法规和标准、进行水质调查、监测和评价、制订水质规划、水污染防治、治理污染源等。

1. 水资源保护的目标和对策

水资源保护的目标如下：在水量方面要做到对地表水资源不因过量引水而引起下游地区生态环境的变化；对地下水源不会引起地下水位的持续下降而引起环境恶化和地面沉降。在水质方面要消除和截断污染源，保障饮水水源及其他用水优良和可用的水质，防止风景游览区和生活区水体的污染和富营养化，注意维持地表水体和地下水含水层的水质都能达到国家规定的不同要求的标准。

要达到上述目标，应采取以下基本对策：

(1) 建立健全的水资源监测系统，加强对定点和河段水量和水质的监测与信息收集，建立有关数据库，为水资源保护和综合利用提供科学依据。

(2) 进行以流域为单位的江河综合开发利用与水资源保护规划，兼顾上下游合理配置用水，进行污染控制与治理，实行排污总量控制，保护水环境质量。

（3）建立水资源保护区，特别是给水水源保护，防止水土流失、水质污染，植树造林涵养水源。

（4）建立和完善有关法律法规，加强水资源管理机构的建设。依法用水、依法管水，这是搞好水资源保护工作的法制和组织保证。

（5）加强水资源保护的科学技术研究和全民教育，不断提高水资源保护的科学技术水平，并使人人了解水资源是当代和子孙后代的共同财富，珍惜每一滴水，为社会可持续发展尽力。

2. 水污染的控制与治理

在现阶段我国水资源保护工作中，水污染控制和治理具有特别重要的意义。在《中华人民共和国水污染防治法》中阐明的"水污染"定义是指"水体因某种物质的介入，而导致其化学、物理、生物或者放射性等方面特性的改变，从而影响水的有效利用，危害人体健康或者破坏生态环境，造成水质恶化的现象"。造成水的污染有自然的原因和人为的原因，而人为原因是主要的。人为污染就是在水的社会循环中，人类生活和生产活动中产生的废物对水的污染。它们包括生活污水、工业废水、农田排水和矿山排水。此外，废渣和垃圾倾倒在水中和岸边，废气排放至大气中，这些经降雨淋洗后流入水体也会造成污染。近年来，我国在经济高速发展的同时，强调了环境保护和经济建设的协调发展，增加了对环境保护的投入，使环境质量有所改善。但各项污染物的排放总量仍很大，污染程度仍处于相当高的水平。从水污染的状况看，主要河流有机污染普遍，近岸沿海的赤潮发生次数增加。因此，水污染的有效控制和必要治理是水资源保护工作的重点所在。

水污染控制与治理的基本目标在于：保护人民的生活和健康状态不致受到以水为媒介的疾病的影响；保持生态系统的完整不受破坏；保证水资源能长期持久的利用，促进经济社会全面协调可持续发展。

水污染控制与治理应当坚持预防为主、防治结合、综合治理的原则，优先保护饮用水水源，严格控制工业污染、城镇生活污染，防治农业面源污染，积极推进生态治理工程建设，预防、控制和减少水环境污染和生态破坏。

目前主要的水污染防治措施有以下几个方面：

（1）制定国家水环境质量标准和水污染物排放标准，制定国家和地区（流域）的水污染防治规划；建立水环境质量监测和水污染物排放监测制度，加强水质的监测、评价与预测工作，及时掌握水质状况。

（2）提高工农业用水的效率，积极推行清洁生产工艺，采取综合防治措施，提高水的重复利用率，减少废水和污染物排放量；控制化肥和农药的过量使用，畜禽养殖场应当保证其畜禽粪便、废水的综合利用或者经无害化处理，使污水达标排放，防止污染水环境。

（3）加强对工业等污染源的治理，对新建、改建、扩建的建设项目应当依法进行环境影响评价，建设项目的水污染防治设施，应当与主体工程同时设计、同时施工、同时投入使用（即常称的"三同时"）；要加快城市污水处理厂的建设，采取集中处理方式，解决污染危害。

（4）对重点水污染物排放实施总量控制制度；排放废水和污水的单位，应当取得排污许可证，并应按照排放水污染物的种类、数量缴纳排污费。

（5）积极开展流域水污染的治理工作，包括点源治理、面源治理（农田退水及水产养殖）和内源污染（底泥沉积物）治理。

3. 水源保护

在水资源保护的总任务中，饮用水水源保护具有优先的、特别重要的意义，是水资源保护工作的重点。

国家建立饮用水水源保护区制度。按照不同的水质标准和防护要求，饮用水水源保护区分为一级保护区和二级保护区；必要时可增设准保护区。在饮用水水源保护区内，禁止设置排污口。表 2-12 是我国地表水饮用水水源保护区的分级防护规定。除此以外，各级政府根据水环境保护的需要，还可以规定在饮用水水源保护区内，采取禁止或者限制使用含磷洗涤剂、化肥、农药以及限制种植养殖等措施。

地表水饮用水水源保护区的分级防护规定　　　　　　　　　　表 2-12

名　称	水质标准	分级防护规定
饮用水水源一级保护区	《地表水环境质量标准》GB 3838—2002 Ⅱ	禁止新建、改建、扩建与供水设施和保护水源无关的建设项目，已建成的由县级以上人民政府责令拆除或者关闭；禁止从事网箱养殖、旅游、游泳、垂钓或者其他可能污染饮用水水体的活动
饮用水水源二级保护区	《地表水环境质量标准》GB 3838—2002 Ⅲ	禁止新建、改建、扩建排放污染物的建设项目，已建成的由县级以上人民政府责令拆除或者关闭；从事网箱养殖、旅游等活动的，应当按照规定采取措施，防止污染饮用水水体
饮用水水源准保护区	保证二级保护区的水质达到规定标准	禁止新建、扩建对水体污染严重的建设项目；改建建设项目，不得增加排污量；采取工程措施或者建造湿地、水源涵养林等生态保护措施，防止水污染物直接排入饮用水水体，确保饮用水安全

为了有效地保护饮用水水源，国家通过财政转移支付等方式，建立健全对位于饮用水水源保护区区域和江河、湖泊、水库上游地区的水环境生态保护补偿机制，对这些地区的经济发展给予一定的补偿。

2.4.2　水资源管理

水资源开发利用是否科学合理，水资源保护措施能否落实见效，关键在于管理。水资源管理就是运用行政、法律、经济、技术和教育等手段，合理开发利用水资源，协调水资源的开发利用与社会经济发展之间的关系，处理各地区、各部门间的用水矛盾；监督并限制各种危害水资源的行为；保护水资源的水量及水质供应，以满足社会实现可持续经济发展对水资源的要求。

1. 水资源管理原则、目标和内容

由于水资源紧缺问题日益突出，人们已普遍认识到：水是维持一切生命的基础；人类社会和经济的发展极大地依赖于淡水供应的数量和质量；水资源的开发对提高经济生产力、改善社会生活质量起着重大的作用；在当代社会中，必须承认水是有经济价值的商品。因此只有加强对水资源的管理才是正确的出路。

水资源管理的目标是实现水资源可持续开发利用、保护水生态环境的良好状态，促进社会经济的不断发展。

水资源管理的内容涉及水资源的开发、利用、保护和防治水害等各方面，这种管理不仅表现在对水资源权属的管理，还涉及国内和国际的水事关系。具体内容有：①实行统筹规划，有效合理地分配水资源（用水、排涝、航运、发电、养殖、景观等）；②保护水资源水量与水质良性循环和水生态系统安全；③保障城市生活、工业和农业生产的可持续用水；④提高水污染控制与治理和污水资源化的水平；⑤遵循经济规律，改革水资源管理体制，加强管理能力建设；⑥健全法律措施，实现依法治水、管水。

2. 水资源管理措施

各国在水资源管理的实践中都积累了不少经验和教训，虽然在具体措施上各有异同，但基本原则是相同的。结合我国的水资源现状和实际，下列措施是应该考虑采纳的：

（1）行政措施：建立和健全水资源管理的行政机构，编制区域、流域、水域各种水资源保护和利用的规划，统筹安排水资源的合理分配；监督管辖区内的各水污染源按照污染物总量控制的要求，落实污染治理措施，实现污染物达标排放；通过各种宣传、教育手段唤起全社会的水忧患意识，推动公众参与。

（2）法律措施：制定国家、地区、流域的水资源保护法规、政策和各种有关标准；建立和健全相应的执法机构和人员，保证法律措施的顺利执行。

（3）经济措施：依据经济规律，制定水资源利用费、排污收费等，运用经济杠杆，实施水资源有偿使用、转让，调动全社会节水、惜水、保护水资源的积极性。

（4）技术措施：建立和完善水资源监测系统，进行水量水情的长期监测，实行排污监督；建立节水制度，推广节水新技术、新工艺，提高水的重复利用率，发展节水型工业、农业和服务业，建立节水型社会；建立废水处理系统，发展高效、经济的处理技术，杜绝或减少污染物向水体的排放；建立废水资源化利用系统（包括企业内部、企业之间和水系流域），通过废水处理，实现回用、再用和一水多用，把废水作为水资源的一个重要组成部分；建立和健全发生水污染事故或者其他突发性事件的预防和应急制度，制订方案，采取应急措施，做好突发水污染事故的应急准备、应急处置和事后恢复等工作。

第3章 给水排水管网系统

3.1 概 述

3.1.1 给水排水系统的组成

给水排水管网系统是给水排水系统的组成部分。为便于理解给水排水管网系统在整个给水排水系统中的位置和作用，首先简单介绍一下城镇给水排水系统的组成。

给水排水系统是指提供人们生活、生产用水和排除污（废）水及雨水的设施总称，包括从水源取水、给水处理、污（废）水处理、给水管网、排水管网等。图 3-1 表示典型的、以地表水为水源的给水排水系统的流程。图中实线表示给水流程，虚线表示排水流程。

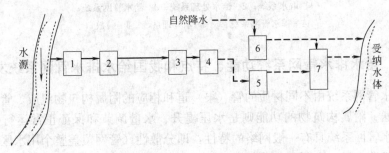

图 3-1 典型城镇给水排水流程示意图

1—取水构筑物；2—给水处理厂；3—给水管网；4—生活、
生产用水；5—污水管网；6—雨水管网；7—污水处理厂

按图 3-1 所示，取水构筑物 1 自水源取水，通过水源泵站 1（或称一级泵站，常与取水构筑物建在一起）送至给水处理厂 2。经处理合格后的水，通过供水泵站 2（或称二级泵站，通常与给水处理设施建在一起）送至城市给水管网 3，供居民生活和生产使用（其中还包括消防用水、市政用水、公共设施用水等）。人们生活和生产使用后的污水（废水）流至城市污水管网 5。经污水管网收集的污水流至污水处理厂 7。污水经处理合格后排入受纳水体，或再作处理，重复利用。另外，自然降水（包括雨水和冰雪融化水）经雨水管网收集后，直接排入受纳水体，或部分雨水经处理后，重复利用。

从以上流程可知，给水排水系统包括以下 5 个子系统：

（1）水源取水系统：包括水源（地表水、地下水等）、取水设施、提升泵站、输水管渠等。参见第 2 章。

（2）给水处理系统：包括各种物理、化学和生物方法的处理设备、构筑物。参见第

45

4 章。

（3）给水管网系统：包括输水管（渠）、配水管网、水量和水压调节设施等，属本章的介绍内容。

（4）排水管网系统：包括污（废）水收集与输送管渠、雨水收集和输送管渠、水量调节设施、提升泵站和附属构筑物等，属本章的介绍内容。

（5）污（废）水处理系统：包括各种物理、化学和生物方法的处理设备、构筑物，参见第4章。

给水排水系统的布置如图3-2所示。这是一个典型的以地表水（如河流）为水源的系统布置示意。

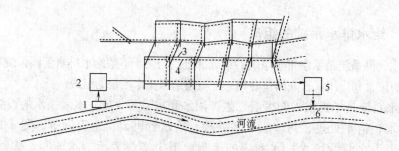

图 3-2　典型城镇给水排水系统布置示意图

1—取水系统；2—给水处理系统；3—给水管网系统；
4—排水管网系统；5—污水处理系统；6—排放口

3.1.2　给水排水管网系统功能、特点和我国给水排水管网系统发展概况

给水排水管网系统由不同材质的管（渠）道和相应的附属构筑物组成。管道的功能是承担水的输送；附属构筑物的功能则是水压提升、水量调节和保证正常运行、维护管理等。给水排水管网系统具有一般网络的特性，即分散性（管网覆盖整个用水区和排水区）、连通性（各部分水量、水压和水质紧密关联、相互作用）、传输性（水量输送、能量输送）和扩展性（可向内部或外部扩展）等。但给水排水管网系统又具有与一般网络系统不同的特点：管网隐蔽性强；外部干扰因素多，易发生事故；基建投资大；改扩建较频繁；运行管理较复杂等。

从基建投资方面而言，给水排水管网系统所占比例很大。据估计，给水管网系统的基建投资约占给水系统总投资 60%～80%（长距离引水工程例外）；排水管网系统的基建投资约占排水系统总投资 70%左右。因此，管网系统的规划与设计合理与否，对基建投资影响巨大，且会严重影响工程设施的正常运行和运行管理费用。

给水排水管网系统的建设与整个给水排水系统建设通常是同步的，是随着社会经济和城市发展而发展的。我国给水排水管网系统在 1949 年以后，特别是 20 世纪 80 年代以后发展很快。据统计，1949 年，全国城市给水管道总长约 6600km，排水管道总长约6000km。而到 20 世纪 90 年代末，全国城市给水管道总长已达 135000km，排水管道总长已达 110000km 多。随着经济快速发展和国家对环境保护日益重视，给水排水工程建设不仅在城市继续快速发展，而且在农村城镇也快速发展。表 3-1 是 2013 年城乡建设统计公报所列出的给水排水概况（摘要）。由表 3-1 可知，近十几年来县城和村镇的给水排水工

程建设的发展速度是前所未有的。由给水排水管道总长度可知，管网工程是十分庞大的。如果仅把 658 个城市给水管道连接起来，就可绕地球 16 圈有余。

虽然我国在给水排水工程建设方面取得巨大成就，但与一些发达国家相比仍有差距，存在的问题仍不少。例如：在排水管网方面，按服务面积计的普及率比发达国家低，特别是小城镇，而且各地区发展不平衡；城市中原有的合流物排水系统（见后）改造任务仍十分艰巨。在给水管网方面，用水普及率仍需提高，特别是中、小城镇；一些铺设年代已久或管材质量不符要求的旧管道更新改造，也是今后的重要建设任务。近年来，随着城镇化的发展，新城填不断出现，加之旧城镇的改建、扩建，给水排水管网建设的统计数字也将不断改写。

2013 年给水排水工程概况（摘要） 表 3-1

项目	单位	城市	县城	村镇
	个	658	1613	20117
给水管道总长	km	64.6×10^4	19.4×10^4	52.22×10^4
用水普及率	%	97.56	88.14	81.73
排水管道总长	km	46.5×101^4	14.9×10^4	管道 15.99×10^4 暗渠 12.08×10^4
污水处理率	%	89.34	78.47	—

3.2 给水排水管网系统的构成

3.2.1 给水管网系统的构成

给水管网系统通常由输水管（渠）、配水管网、水压提升设施、水量调节设施及管道系统中附属设施构成。图 3-3 为给水管网系统示意图。

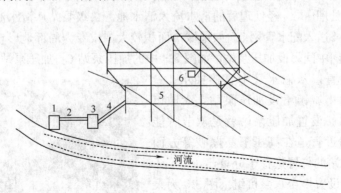

图 3-3 给水管网示意图
1—取水构筑物（内设一级泵站）；2—浑水输水管；3—给水处理厂
（内设二级泵站、清水池）；4—清水输水管；5—配水管网；6—加压泵站

各组成部分分述如下：

（1）输水管（渠）

输水管（渠）包括一级泵房至给水处理厂的浑水输水管 2 和二级泵房至配水管网的清水输水管 4。输水管渠仅起输水作用，管渠沿线不向外供水，管中流量和流速不变。输水管渠的长度视具体情况（如水源距水厂远近、水厂距城市用水区的远近等）而定，长度相差悬殊，因而投资也相差悬殊。例如，长距离输水管渠，有的甚至达上百公里，短的仅百米。一般输水管平行铺设 2 条以策安全，少数也有铺设一条的。

图 3-4　钢筋混凝土输水管

输水管道通常采用铸铁管、钢管、钢筋混凝土管、PVC-U 管等。输水渠道通常采用混凝土、砖、石等材料砌筑。图 3-4 为平行铺设的 2 条钢筋混凝土输水管。

（2）配水管网

配水管网是由分布在整个供水区域的配水管道所组成的网络。其作用是将来自于输水管的处理后的水分送到整个供水区域，供用户使用。

配水管网由干管、支管、分配管等组成。通常，一条干管线上可接多条支管线；一条支管线上可接多条分配管线。用户通常从分配管上将水引入户内。故干管直径＞支管直径＞分配管直径。但干管、支管和分配管有时并无严格界限。例如，某些大用户（如工厂用水）可能会直接从干管上接入厂区，在厂区内再进行分配。对城市管网而言，它只是一个用户。由于管径大，投资费用大，故规划设计中，通常只考虑干管。图 3-2 和图 3-3 所示的管线均为干管，并未包括支管和分配管等。如果把干管、支管和分配管全部标在图上，可以说纵横交错、密如蛛网。

（3）泵站

泵站是输配水系统中的加压提升设施。如图 3-3 所示，一级泵站 1 将浑水提升后通过输水管 2 送入给水处理厂 3。经处理后的清水流入清水池。二级泵站从清水池内抽水加压后，通过清水输水管 4 送入配水管网 5。如果城市面积较大，或专为局部地形较高的区域供水，在远离水厂的管网中间另设加压泵站，如图 3-3 中的加压泵站 6。加压泵站一般从贮水池内抽水，也有少数直接从输水管中直接抽水。一般，地形平坦的小城镇不设加压泵站，大城市往往设加压泵站。设置加压泵站就是从节省能耗和避免水厂附近管道在高压下易爆破等方面考虑，故加压泵站的位置选择十分重要。

泵站内往往设置多台水泵机组。图 3-5 为泵站内的水泵机组图。

（4）水量调节设施

水量调节设施（或称调节构筑物）有清水池（或称清水库）、水塔或高地水池。其作用是调节供水与用水的流量差。水厂内的清水池用

图 3-5　给水泵站内水泵机组

于调节一级泵站和二级泵站的流量差。因为水处理构筑物是按每日平均时进水量设计，故一级泵站抽水流量通常按时平均流量设计，即抽水量基本稳定。二级泵站抽水量往往根据城市用水量变化而变化。白天用水高峰时，二级泵站抽水量大；夜间用水量少时，二级泵站抽水量小。二级泵站抽水量的变化，通过水泵机组调度实现。当二级泵站抽水量小于一级泵站抽水量时，多余水量贮存在清水池内；当二级泵站抽水量大于一级泵站抽水量时，其差值则由清水池内贮水量补充。清水池通常设在水厂内，且紧靠二级泵站。图3-6为某水厂两座平行布置的清水池（图中建筑物为二级泵站和其他用房）。

虽然二级泵站抽水量随城市用水量变化而变化，但居民用水和工业生产等用水量变化很大，且每时每刻均有不同，特别是小城镇供水。二级泵站不可能随用水量变化而频繁调度。水塔或高地水池则起二级泵站供水和城镇用水量不等的调节作用。不过，大、中城市由于用户多，用水量大，一天24h变化不太大，故通常不设水塔（因大容量水塔造价很高），可采用二级泵站内的水泵调度来调节水量。某些小城镇或大的工业企业内部管网，有时设有水塔。图3-7为某企业供水站水塔。

图3-6 某水厂清水池

图3-7 某企业供水站水塔

（5）附属设施

给水管网系统上的附属设施主要有阀门（闸阀、调节阀、止回阀、排气阀、泄水阀等）、检测仪表（压力、流量及水质检测等）和消火栓等。阀门和检测仪表等是用于生产调度、故障处理和维修保养等。消火栓用于保证消防供水。

3.2.2 排水管网系统的构成

排水管网系统一般是由污（废）水及雨水收集设施、排水管道、雨水调蓄池、提升泵站和排放口等组成。其中排水管道可以是污水和雨水完全分开成两套系统，称分流制；也可雨水、污水在同一管道系统中排放，称合流制。有关分流制和合流制内容见后。这里以分流制排水管网系统为例，介绍排水管网系统的组成和任务。图3-8是分流制排水系统的构成。下面简要介绍一下排水管网系统的主要组成部分。

（1）排水管网

排水管网是由分布在整个排水区域的管道所组成的网络。其作用是将收集来的污

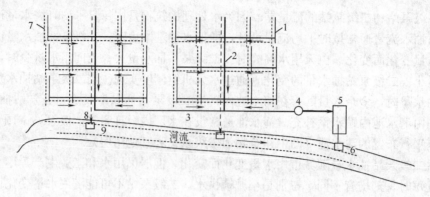

图 3-8　城市排水管网系统（分流制）示意图

1—污水支管；2—污水干管；3—污水主干管；4—提升泵站；5—污水处理厂；
6—污水出水口；7—雨水支管；8—雨水干管；9—雨水出水口

（废）水和雨水输送到污水处理厂进行处理或将雨水直接排入水体（雨水、污水分流制系统，见后）。

　　按图 3-8，在雨水、污水分流情况下，排水管网由污水支管、污水干管、污水主干管、雨水支管、雨水干管所组成。一条污水主干管上可接多条污水干管，承接来自干管的污水。一条污水干管上可接多条污水支管，承接来自支管的污水。污水支管则承接来自居住小区或工业企业排出的污水。同样，雨水干管上可接多条雨水支管，承接来自雨水支管的雨水。雨水支管则承接来自雨水口所汇集的雨水。因此，在排水管网中，上游管道（或渠道）直径小，下游管道直径大，与给水管网恰恰相反。如果是雨、污合流制，则雨水管、污水管合二为一。实际上，上述污水管道的三级划分和雨水管道的二级划分并非十分严格。对于大城市，有的排水管道可能划分到三级以上。图 3-9 为某城市排水管施工现场图。

(a)　　　　　　　　　　　　　　　　　(b)

图 3-9　某市排水管施工现场

(a) 排水支管施工现场；(b) 排水干管施工现场

　　（2）提升泵站。雨水或污水一般是重力输水管。当地面平坦且输水管道很长时，排水管道若全靠重力输送，管道埋设深度将不断增加，建设费用也相应增加。为降低管道埋设深度（一般控制在 5m 以下），可在管道适当位置设置提升泵站，称中途泵站。为使污水能够进入污水处理构筑物（如图 3-8 所示），或当雨水（分流制）不能靠重力自流进入河道（例如，汛期河流水位增高），也需设置提升泵站，经泵站提升后排入河道，此泵站称

终端泵站。图 3-10 为某市一座大型排水泵
站图。

图 3-10 某市排水泵站

（3）附属设施

排水管网中的附属设施包括检查井、雨
水口、跌水井、溢流井、水封井、出水口、
防潮门及流量检测等，种类和数量很多，其
作用各有不同。例如，设在路侧的雨水口的
作用是汇集街道路面上的雨水，而后流入雨
水管道。检查井是用于管道定期检查和清通，
同时也是管道交汇、直径改变、转弯及坡度
改变的节点，是排水管网重要且必要的附属构筑物。

3.3　给水排水管网系统规划和布置

3.3.1　给水管网系统规划和布置

如前所述，城市给水管网属于城市给水系统的一部分。因此，管网系统规划不可能脱
离水源和水处理部分而孤立地进行讨论。城市用水量及给水系统各部分设计流量的确定；
水源选择及取水位置和取水方式的确定；水处理工艺及水厂位置的选择；管网系统（包括
输配水管道、泵站、水量调节构筑物等）布置及管道直径的计算等，均属给水系统规划设
计范畴。由于在给水系统中管网系统投资最大，又是能耗最大的部分，故管网系统在给水
系统整体规划中影响最大。

1. 给水管网系统规划的主要原则

（1）尽量以最短的线路将水送至用水区，以节省工程投资和运行管理费用；

（2）保证供水安全；

（3）管道施工和管理方便；

（4）远近期结合，考虑分期实施的可能性。

2. 给水管网系统分类

根据城市规划、水源状况、城市地形、供水范围及用户对水量、水质和水压的要求，
可采用不同的管网类型。给水管网有不同的分类方法：

按供给管网的水源数分，有单水源管网和多水源管网两类。严格地说，具有两个以上
水厂二级泵站向管网供水的均称多水源管网，如图 3-11 所示。

一般大中城市大多是多水源管网。多水源管网的主要优点是：对于一定供水总量而
言，进入管网的水来自多个水厂，管道输水流量分散，近水厂的管道流量和压力减小，从
而可降低管网造价与供水能耗。其主要缺点是：管理复杂程序提高。

按输水管压力分，有重力输水管网和压力输水管网两类。水源地处高处，依靠水的重
力进入管网的，称重力输水管网。重力输水管网运行经济，但这类管网比较少见。采用水
泵加压将水送入管网的称压力输水管网，一般城市多是这类管网。

按供水范围、水压和水质要求，又分以下四类管网系统：

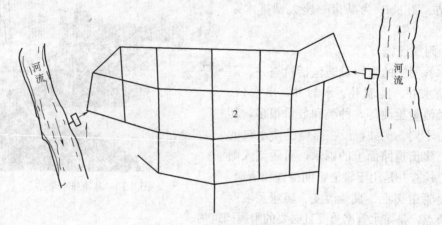

图 3-11　多水源管网系统示意

1—水厂；2—管网

（1）统一供水系统

城市居民生活饮用水、工业生产用水等，都按生活饮用水水质标准，用统一的管道系统供给用户，称统一供水系统，如图 3-12 所示。其特点是管网中水压均由二级泵站一次提升，给水系统简单，一般适用于城市地形起伏较小，建筑层数差别不大，各种用户对水质和水压要求相差不大的城镇或大型工业区。对于个别高层建筑或特殊用户应自行加压。

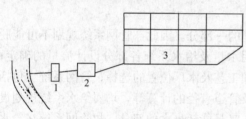

图 3-12　统一供水系统

1—取水构筑物（设一级泵站）；

2—给水处理厂（设二级泵站）；3—给水管网

（2）分区供水系统

当城市地形高差较大，或城市供水范围很大，或城市被自然分割成若干部分的大、中城市，可采用分区供水系统。

图 3-13 表示地形高差很大的分区供水系统。图 3-13（a）是由同一泵站内的高压泵和低压泵分别向高区和低区供水，称为并联分区供水，又称分压供水系统。这样分区供水的原因是，若高区和低区采用同一管道系统供水，为了满足高区服务水压要求，有可能造成

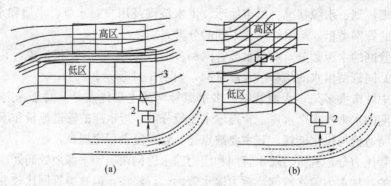

（a）　　　　　　　　　　（b）

图 3-13　分区供水系统示意图

（a）并联分区；（b）串联分区

1—取水构筑物；2—水厂二级泵站；3—高压输水管；4—高区加压泵站

管道或配件损坏，影响供水安全，而且还浪费电能。并联分区的优点是：高区和低区用水分别供给，比较安全可靠；高区和低区水泵集中在一个泵站内，管理方便。缺点是：增加了高压输水管道。

若高区和低区相距较远且高差很大时，如果采用图 3-13（a）所示的并联方式，则高压输水管道将很长，造价增加。这时，高区和低区之间可设高区加压泵站，如图 3-13（b）所示。低区和高区所需水量均由泵站 2 提供，但泵站 2 提升的水压仅需满足低区服务压力要求即可。高区所需水压则由高区加压泵站 4 提升。这种布置方式称串联分区供水。其优点是：无需设置高压输水管；也无需高压水泵。缺点是：增加了一个高区加压泵站，同时供水安全可靠性不如并联分区，因为高区供水需通过低区管网。

无论是并联分区或串联分区，高区管网和低区管网之间往往有适当联系，以增加供水可靠性和调度的灵活性。

有的城市地形虽较平坦但配水管网延伸很长。由于水在管道中存在压力损失，管道中的水压力会逐渐减小，为了满足管网末梢的服务水压，二级泵站所需压力将很高。这样，将会造成二级泵站附近管道承受很高压力。为此，可在管网中间适当位置设置中途加压泵站，可降低二级泵站供水压力，如图 3-3 所示。实际上，这也是一种串联分区供水形式，只不过不是由地形高差而引起的串联分区。

是否需要采取分区供水，采用并联分区还是串联分区，加压泵站建于何处，这些均需根据具体情况通过技术经济比较才能确定。实际上，大型城市，往往既有串联式分区，又有并联式分区。

（3）区域供水系统

随着经济发展和农村城市化进程的加快，许多小城镇相继形成并不断扩大，或者以某一城市为中心，带动了周围城镇的发展。这样，城镇之间距离缩短。两个以上城镇采用同一给水管网系统，或者若干原先独立的管网系统连成一片，或者以中心城市管网系统为核心向周边城镇扩展的供水系统称区域供水系统。区域供水系统不是按一个城市进行规划的，而是按一个区域进行规划的。其特点是：第一，可以统一规划、合理利用水资源。例如，在一条河流沿岸，有可能建有多个城镇，对某一城镇而言，取水位置就可能是处于其他城镇下游。为避免水源污染和便于水源保护，可将取水构筑物建在几个城镇上游，统一取水，共同使用；或者某一水质较好的水库或湖泊，可根据各城镇实际所需水量合理分配，资源共享；或者几个水源虽独立取水，但采用同一管网系统供水时，可以合理安排各个水源取水量。第二，分散的、小规模的独立供水系统联成一体后，通过统一管理、统一调度，可以提高供水系统技术管理水平、经济效益和供水安全可靠性。区域供水系统在一些发达国家（如美、英、法等国）已多有采用，目前我国有的城市也已开始采用区域供水。例如，江苏、浙江、深圳等某些城镇均有区域供水实例。

（4）分质供水系统

当对水质要求不高的工业生产用水或其他用水（如海水冲洗卫生洁具，园林绿化用水等）所占比例较大时，为了节约水处理费用或节省水资源，可采用不同管道系统，分别将不同水质的水供给用户。其中一套供水系统为生活饮用水系统；另一套为工业生产用水或其他低质水系统。这种分质供水系统通常用于工业区或城市局部地区，国外已有长期应用历史，我国某些工业区（如上海桃浦工业区）以及香港特别行政区（用海水冲洗厕所）也有采用。分质供水系统虽然节约了水处理费用或水资源，但管道系统较复杂，应通过技术经济比较后确定。

目前，我国部分城市为了进一步提高饮用水质，也有将城市自来水经过进一步深度净化后制成直接饮用水，然后用直接饮用水管道系统供给用户，从而形成一般自来水和直接饮用水两套管道的分质供水系统。例如，上海和深圳少数住宅小区即采用这种分质供水方式。这种分质供水系统仅适用于住宅小区或个别大型建筑物，一般不用于整个城市供水系统中，因为管道系统复杂，实施难度大。

3. 配水管网布置形式

配水管网布置，通常指干管和干管之间连接的布置，不包括支管和分配管等，因干管投资大，对整个供水区域的安全供水和经济供水起决定性作用。

配水管网基本布置形式有以下两种：

(1) 树状网

图 3-14 表示树状网，一般用于小城镇。其干管布置呈树枝状。树状网投资小，但供水安全性差。因为管网中任一段管线损坏，即会造成该管段以后全部断水。

(2) 环状网

将管线布置成环状称环状网。图 3-15 为环状网示意。环状网投资较树状网大，但供水安全可靠。任一段管线损坏时，可以关闭附近阀门使之与其他管线隔开进行检修，水还可以从其他管线供给用户，断水范围缩小。一般大、中城市均采用环状网。有时，在城市建设初期采用树状网，以后随着城市发展逐步连成环状网。实际上，现在城市给水管网多数是环状网和树状网结合。在城市中心或供水安全性要求较高的地区采用环状网，而在郊区则以树状网形式向四周延伸，如图 3-15 所示。工业企业的配水管网也类似城市配水管网。供水安全性要求高的工业企业采用环状网，而用树状网或输水管将水输送到个别较远车间。

图 3-14　树状网示意图　　　　　　　　　　图 3-15　环状网示意图

布置配水管网总的要求是：管线应遍布整个用水区；供水安全可靠；力求以最短距离向用户供水（特别是大用户）；按城市规划要求保留管网发展余地。

4. 输水管渠布置

从水源到水厂及从水厂二级泵站到配水管网的管线称输水管。其沿线一般不接用户，仅起输水作用，管中流量不变。有时，从配水管网接到个别大用户的管线，沿线不接用户，也属输水管。当水源、水厂和城市用水区相距较近时，输水管定线、布置比较简单。但当水源到水厂相距很远时，输水管渠设计比较复杂，将另行讨论。这里仅讨论一般距离不长的输水管渠布置要求。

输水管渠选线及布置要求如下：

(1) 应能保证不间断供水。输水管线选用单管线还是双管线，应根据供水的重要性、输水量大小、分期建设安排等因素确定。当允许短时间内间断供水时，可设一条输水管线；或者设一条管线时，同时修建有一定容量的贮水池以备输水管发生事故时继续供水。如果设两条管线，应在两条管线之间间隔一定距离设连通管，并装置必要阀门，以保证在输水管发生事故时不致断水。

（2）尽量使输水管线最短，以降低造价和输水费用。

（3）输水管线应尽量避免穿越河谷、铁路等障碍物以及沼泽、滑坡等地质不良地区，并尽量不占或少占良田。有条件时，最好沿现有道路或规划道路敷设管道。

（4）充分利用地形，优先考虑重力流或部分重力流输水。

3.3.2　远距离引水工程

远距离引水工程，即长距离输水工程。这里所称的长距离输水工程，其长度在数十千米以上，远离城市配水管网。由于输水管线工程量大、投资大、工程复杂、管理复杂，面临的问题远非一般城市输水管（渠）所能相比，故通常作为独立的重点项目看待。

远距离引水工程是缘于城市水源水量不足（资源型缺水）或水源受到污染（污染型缺水）而出现的。我国北方地区、西北地区和沿海一些城市，由于水资源不足（如天津）或水源受到污染（如上海），城市用水不得不从远离城市的水源地引入。自 20 世纪 80 年代始，我国陆续出现了多项长距离引水工程。例如：天津市的"引滦入津工程"（另作介绍）；青岛市的"引黄济青工程"（即引黄河水入青岛，引水距离约 275km）；大连市的"引碧入连工程"（引碧流河水入大连，分期建造）；上海市的"黄浦江上游引水工程"（引黄浦江上游、松浦大桥附近的水入市区）输水管总长约 42km，上海新建水源——青章沙水库向十余个水厂输送原水，其中离水库最远的一个水厂，距水库约 63km；深圳市东深水源从东江经 83km 引水入深圳水库，为香港和深圳提供原水；昆明市八水厂自 100km 外掌九岛河引水；邯郸市的"引岳济邯工程"（引岳城水库水入邯郸，输水管总长约 56km）等。据估计，自 20 世纪 90 年代起，我国每年敷设的长距离输水管渠长达 1000～1500km，可见长距离引水工程之庞大。

长距离引水工程包括输水管、渠，现有河道整治，泵站，调蓄水库，穿越河流、沼泽设施等一系列工程，会受到复杂的地质、地形等自然条件和某些社会环境影响。因此，除了本专业以外，长距离输水工程还涉及环境工程、水利工程、土建工程等相关学科。

长距离引水工程的选择，要经过周密调研，充分论证才能确定。在选线工程中，需特别注意以下几点：

（1）尽量利用现有河道或渠道，经过适当整治，作为输水管渠的一部分，以降低工程造价。例如，"引滦入津工程"全长约 235km，其中 118km 为原有河道整治，其余为明渠、暗渠和钢管等。

（2）利用现有河道或明渠输水，一方面要防止水质污染，另一方面还应考虑沿河一带农业和工业用水的影响，确保城市所需的水质水量。

（3）由于管线长，管理、维修难度大，安全供水尤其重要。一般情况下，采用双（多）管、渠输水，并每隔一定距离设连通管或连接井，以便管渠发生事故或检修时不致断水。若因资金不足只能设单管渠时，应在适当位置建安全贮水池，以备管渠发生事故或检修时继续向城市供水。

（4）因为管线长，沿途地质、地形条件不同，管道压力也有变化，因此，管道材质或渠道的选用应根据地质、地形、管渠尺寸和压力、管道价格及施工条件等，经过技术经济综合比较后确定。一般情况下，全线往往不会只用一种管材，而是采用几种材质的管道或明渠以适应不同情况，力求经济合理，技术可行。

为了让读者对长距离引水工程有一个初步了解，这里简要介绍一下天津市的"引滦入津工程"概貌。

"引滦入津工程"是我国第一个大规模长距离引水工程，建于20世纪80年代初。该工程从滦河引水进入天津。自潘家口水库起，途经河北省5个县进入天津，全长273km（图3-16）。输水量10亿 m^3/a。整个输水线路中有4个水库，两条输水河道。主要输水工程包括：

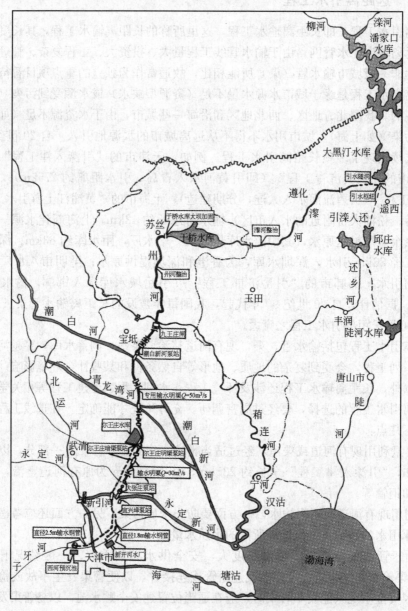

图3-16 引滦入津工程示意图

泵站 4 座：最大设计流量 $50m^3/s$，其中大张庄泵站如图 3-17 所示；

输水明渠：全长 65km，最大设计流量 $50m^3/s$；

输水暗渠：全长 26km，采用钢筋混凝土箱涵，正常输水流量 $19.1m^3/s$；

输水钢管：全长 14.53km，管径 $2500\sim1800mm$；

虹吸管 7 座：最大设计流量 $50m^3/s$，采用钢筋混凝土箱涵；

图 3-17　大张庄泵站外景

河道整治：总长约 118km；

输水隧洞：9.67km；

总的输水管、渠（包括河道）长度约 235km；

此外还有水闸、桥梁、水厂等工程。

由上例可知长距离引水工程之庞大和复杂。随之而来的还有维护管理之复杂。故长距离引水工程应在不得已情况下采用。例如水资源缺少的城市，不得不从远距离引水。至于污染型缺水城市，是采用长距离引水还是加强给水处理或进行深度处理，还是应加强污染源治理，应进行深入研究，通过技术经济比较确定。长远目标，应立足于使水的社会循环达到良性循环，以保障社会经济可持续发展。据估计，引水距离超过 $25\sim50km$，其投资可能比饮用水除污染工程投资要高。此外，还应考虑长距离引水工程中所存在的外在影响因素。例如若采用明渠，有可能会受污染；引水距离长时，供水安全措施尤其需要注意等。

3.3.3　排水管网系统规划和布置

排水管网系统是排水系统的一部分。排水管网的规划和布置必然与污水处理厂相联系。城市污水（排入城市污水管渠的生活污水和工业废水）量的确定；雨水量的计算；排水区界划分；雨水和污水出路；污水处理方法和污水处理厂位置的选择；排水管网布置和管径计算；提升泵站的设置等，均属排水系统规划设计内容。当污水处理方法和污水处理厂位置确定以后，排水系统规划主要就是管网系统规划。

1. 排水管网系统规划的主要原则

（1）要保证城市排水通畅，并尽量以最短距离迅速排出，以免积水为患；

（2）要考虑排水现状，充分发挥原有排水设施的作用以降低工程投资；

（3）管渠施工和管理方便；

（4）远近期结合，考虑分期实施的可能性。

2. 排水体制

对城市污水和雨水（包括冰雪融化水）进行输送和排除方式称排水体制。排水体制分合流制和分流制两种。排水体制的选择是排水管网系统规划的关键。它关系到工程投资、运行费用和环境保护等一系列问题，应根据城市总体规划、城市自然地理条件、天然水体状况、环境保护要求及污水再用情况等，通过技术经济综合比较确定。

（1）合流制排水系统

将城市污水和雨水采用一个管渠系统汇集排除的称合流制排水系统。合流制排水系统又分直流式和截流式两种，如图 3-18（a）和图 3-18（b）所示。

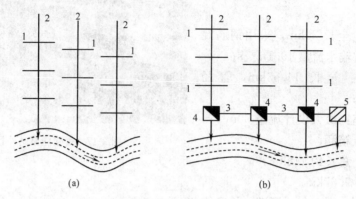

图 3-18　合流制排水系统示意图
(a) 直流式排水系统；(b) 截流式排水系统
1—合流支管；2—合流干管；3—截流主干管；4—溢流井；5—污水处理厂

将城市污水和雨水混合在一起称混合污水。直流式排水系统是将未经处理的混合污水用统一管渠系统就近直接排入水体。过去，我国许多城市旧城区大多采用这种系统。由于混合污水未经处理直接排入水体造成水源污染日益严重，故目前不容许采用直流式排水系统。原有的直流式排水系统也已逐步被改造。

截流式排水系统在晴天时，管中汇集的只是城市污水，总流量较小，可全部输送到污水处理厂，经处理后排入水体。雨天时，混合污水流量大增。当混合污水流量超过一定数量时，超出部分则通过溢流井直接排入水体，部分混合污水仍输入污水处理厂经处理后排入水体。因此，截流式排水系统虽然也会造成水体污染，但污染程度比直流式减轻。这种排水体制应用较广。凡文中提到合流制排水系统，通常均指截流式系统，而省去"截流式"三字。

（2）分流制排水系统

将城市污水和雨水采用两个或两个以上排水管渠系统汇集排除的称为分流制排水系统，如图 3-8 所示。

其中汇集和输送城市污水的管渠系统称污水排除系统。它将污水输入污水处理厂经处理后排入水体。汇集和排除雨水的称雨水排除系统。某些较清洁而无需进行处理的生产废水有时也可通过雨水排除系统直接排入水体。城市中只有污水排除系统而未建雨水排除系统，称不完全分流制。不完全分流制的雨水沿天然地面、街道边沟及水渠等排入水体；或者，在原有渠道基础上修建部分雨水管渠，也属不完全分流制，待城市进一步发展后再建完善的雨水排除系统而成完全分流制排水系统。

合流制排水系统的主要优点是管系简单，造价较低；主要缺点是会造成水体污染。分流制排水系统的主要优点是对水体污染较轻；主要缺点是管系复杂，造价较高。据国内外经验，分流制管网投资比合流制一般要高 20%～40%。实际上，有的城市往往既有合流制，又有分流制，称为混合制的排水系统。根据国家颁布的《室外排水设计规范》GB

50014—2006（2016年版）规定，对于新建城填，应采用完全分流制；对于改造难度很大的旧城区合流制排水系统，可维持合流制排水系统，但需提高截流倍数（通过溢流井上游转输至下游管段的雨水量与城市污水量之比）。在降雨量很少的城市，可根据实际情况采用合流制。实际上，两种排水体制的污染效应以及如何改造合流制排水系统，仍有许多问题值得研究。

3. 排水管网布置

排水管道系统在平面上的布置均呈树状网形式。管道系统布置和定线的原则：尽可能在管线短、管道埋设深度浅的情况下，使最大区域的污水或雨水能自流排除。为此，在管道系统布置和定线时，应对城市地形、竖向规划、地质条件、河流情况及污水处理厂位置等进行综合分析，而后根据排水体制提出管道系统布置方案。

地形是影响排水管道系统布置的主要因素。排水区域往往按地形划分。一般在丘陵及地势起伏地区，可按等高线划出区域界线。若地形平坦，则按排水面积大小，合理划分排水区域。由于排水管道是重力流，管道布置和走向应尽量符合地形趋势，顺坡排水。

这里举几个简单例子。若地势向水体适当倾斜，各排水区域的干管可以最短距离与水体正交，沿河岸敷设主干管，将各干管污水截流送至污水处理厂。这种形式称截流式，如图3-19（a）所示。若地势向河流方向有较大倾斜，为避免因干管坡度及管内流速过大而严重冲刷干管，可使干管与等高线及河流基本平行，主干管与等高线及河流成一定倾斜度敷设，称平行式，如图3-19（b）所示。若地势高低相差很大，低地区污水不能靠重力流流入污水处理厂时，可采用分区布置形式，即分别在高地区和低地区敷设独立管网。高地区污水靠重力流直接流入污水处理厂；低地区污水采用提升泵抽送至污水处理厂，如图3-19（c）所示。

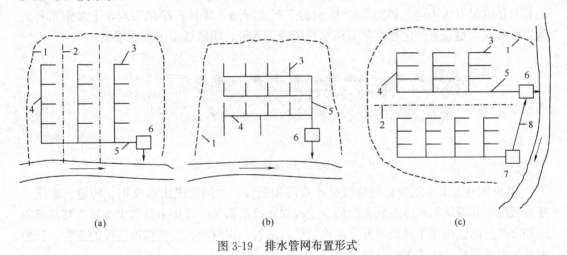

图 3-19 排水管网布置形式
（a）截流式；（b）平行式；（c）分区式
1—城市边界；2—排水区域分界；3—支管；4—干管；5—主干管；6—污水处理厂；7—泵站；8—输水管

排水管道系统的布置是多种多样的，以上仅列举几例说明地形对管道布置的影响。进行管道系统布置时，污水处理厂位置、污水泵站或雨水泵站位置、污水或雨水出口位置、主干管、干管、支管的定线等，均需按城市总体规划和城市具体情况，提出几个方案进行比较，以决定经济、合理的布置方案。

4. 城市雨水处置

当前，在城市规划建设中，对雨水的处置有了新的理念，不是单纯考虑排放问题。

雨水降落到地面以后，一部分下渗、蒸发、被植物吸收和被天然洼地贮存，其余部分形成地面径流。城市建成后，原有自然地貌改变，从而也改变了原有的水文特征，如不透水面积增加，洼地、植被减少，导致雨水下渗量，植物吸收量和天然洼地蓄水量减少，而雨水径流总量、峰值流量增加，径流污染（雨水挟带污染物）也相应增加。为控制径流雨水对城市水环境的影响以及缓解城市内涝，构建"海绵城市"受到广泛重视。

所谓"海绵城市"，就是指城市像海绵一样，下雨时吸水、渗水、蓄水，需要时可将蓄存的水"释放"并加以利用。"海绵城市"是一种形象化比拟，其实质就是采用自然和人工设施，通过"渗、蓄、滞、净、用、排"措施，控制雨水径流总量，减少城市径流污染，缓解城市内涝，开发雨水资源化利用，实现城市良性水文循环，保护和改善城市生态环境。

构建海绵城市的途径，一是要尽量保护城市内原有的河流、湖泊、坑塘、湿地等水生态区，若已遭破坏应尽量进行生态修复；二是要按照对城市生态环境影响最小的理念，构建一定规模的"低影响开发雨水系统"。

所谓"低影响开发"，就是指在城市开发建设过程中，通过生态化措施，尽可能维持开发前、后城市水文特征基本相同。例如，采用渗透、存蓄等措施使一定量雨水不外排，减少径流总量和峰值流量，并使受污染径流雨水获得一定程度净化，从而使开发后的城市水文特征与开发前基本相同或相近。

低影响开发雨水系统的单元设施种类很多，主要有透水铺装、下沉式绿地、生物滞留设施、植被缓冲带、雨水湿地、植草沟等等，不一一列举。通常，一种设施兼有多种功能，只是效果有所不同。如图 3-20 所示的下沉式绿地，既具有净化雨水，下渗雨水补充地下水效果，也兼有一定程度削减雨水径流峰值流量、缓解城市内涝的效果。

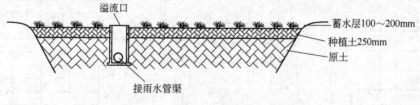

图 3-20　下沉式绿地典型构造示意图

低影响开发雨水系统要与传统排水系统相衔接，共同组成雨水收集、转输、净化和排放系统，亦即从雨水源头到末端的全过程雨水控制系统。近年来我国少数城市某些开发区和市政道路已构建了低影响开发雨水系统。随着我国对生态文明城市建设的重视，低影响开发雨水系统的构建将日益增多。

3.3.4　给水排水管网规划与城市规划的关系

给水排水管网系统是现代化城市不可缺少的重要基础设施。形象地说，给水管网是城市的"动脉"，排水管网是城市的"静脉"。很难想象，现代化城市能离开给水排水系统。完善的给水排水系统是文明城市的重要标志之一，是维持城市可持续发展的重要工程设施。因此，给水排水系统的规划，是城市规划的重要组成部分，是城市规划中的专项规划。给水排水管网又是给水排水系统的重要组成部分。故在讨论管网与城市规划的关系时，不能不涉及给水排水系统有关内容。但限于篇幅，这里也只能简要介绍管网规划中的若干重要内容与城市规划的关系。

1. 给水排水管网规划应服从城市总体规划

在城市总体规划中，城市人口，用地面积，功能分区，居住区建筑层数和设计标准，城市发展方向及规划年限等，是给水排水管网规划的依据。例如，近期城市规划人口较少，用水量不大，可先建一个水源、一条输水管，大部分采用树状配水管网，远期城市扩展，人口增多，用水量增加，则逐步发展成多水源、多输水管和环状配水管网；若城市规划中，远期城市用地的扩展方向地势较高，给水管网应考虑分区供水，一次规划，分期实施；城市规划中，按功能分区，用水量大且水质要求低于生活饮用水的，可考虑分质供水。

在排水管网规划中，排水体制的选择，既是管网设计的重点，也是城市规划中市政工程专项规划的重点内容之一。根据《室外排水设计规范》GB 50014—2006（2016年版）规定，新建城镇除干旱少雨地区以外，应采用分流制排水系统。但旧城镇的改建、扩建，对原有合流制排水系统如何改造以满足现代化城镇的环境保护要求，仍应根据城镇改建、扩建规划，提出合理方案。排水区界的划分，应按城市总体规划图中用地布局、地形特点和发展方向确定。在"排水管网布置"中已有所涉及。

给排水管线的敷设方式，决定于城市规划中市政工程管线综合规划。市政工程管线包括：给水、排水、燃气、电力、热力、通信等管线。给水排水管线有两种敷设方式：直埋式和综合管廊式。

直埋式是指，将给水和排水管道直接敷设于地下，一般沿城市道路敷设，故道路的等级、宽度和坡度等与给水排水管线布置密切相关，且需综合协调与道路下其他市政工程管线的关系。

综合管廊（又称"共同沟"）是指，能容纳两种以上市政工程管线的地下构筑物。综合管廊内可敷设给水、排水和其他几种市政工程管线。在城市中何处宜建综合管廊，综合管廊内哪几种管线敷设其内，均由市政工程管线综合规划确定。综合管廊在国外早已有之，但在我国目前尚外于起步阶段。

2. 城市规划应兼顾给水排水系统（包括管网）规划

在进行城市规划时，应兼顾给水排水系统和管网的规划。例如，在水源缺乏地区，不宜盲目扩大城市规模，也不宜设置用水量大的工业企业；采用同一供水系统的城市，在水厂附近或地势较低处的建筑，可以建得高些，而在远离水厂或地形较高处的建筑层次应低些；生产用水量大且所需水质相同的工业企业，最好适当集中，便于分质供水或重复使用，生产废水也便于集中处理；在城市工业布局中，废水量大、污染严重的工业尽量布置在城市河道下游，以利于水环境保护；城市用地和布局尽量紧凑，以缩短给水排水管网长度，减少工程投资。

近年来，为建设生态文明城市，构建"海绵城市"受到广泛重视。故在城市规划中（包括新建、扩建和改建）应将低影响开发雨水系统与传统排水系统进行统筹安排，并作出专项规划。

当管网规划、布置和定线完成以后，就可进行管网流量、管道直径（或渠道断面尺寸），水泵流量和扬程、排水管道埋设坡度等设计计算。给水排水管网设计计算涉及的面较广，内容较多，这里不作介绍。需要提出的是，由于给水排水管网设计中，影响因素复杂，要获得最佳设计方案，优化设计一直是国内外研究的重点之一，现已提出了不少优化方法。计算机技术和优化理论在给水排水管网设计中发挥了重要作用。实践表明，通过优化设计，不仅节省建设投资和运行费用，也提高了管网运行的安全性。

3.4 给水排水管网系统运行管理

3.4.1 给水管网系统运行管理

给水管网系统的运行管理包括：管网系统运行调度，水质保证，管道检漏和修漏，管道防腐、清垢，事故抢修等。运行管理的目的是保证供水安全（包括水量和水质）、运行经济。

1. 管网运行调度

运行调度的目的是提高供水服务质量，降低输配水电耗，提高供水安全性，取得最好的社会效益和经济效益。

城市给水管道系统包括输配水管道、泵站、水量调节构筑物（如水塔、水库）和附属设施（如闸门、消火栓等）等部分。在管网运行过程中，以上各部分都相互联系、相互制约。因此，运行调度是很复杂的，仅凭经验，不可能达到优化调度的目的，特别是大城市中的多水源管网。例如，如果运行调度不合理，在供水区域内，水压低的地方，供水量不能满足用户需水量；水压过高的地方，浪费了能量，有的甚至使管道爆破。理论上，将每 $1000m^3$ 水提升 $1m$ 高度，有效电耗 $3.77kW \cdot h$。设水泵机组平均工作效率为 80%，则将 $1000m^3$ 水提高 $1m$ 的实际电耗为 $4.7kW \cdot h$。因此，为节约输水电耗，在满足供水服务压力的前提下，应最大限度地降低管网压力。管网运行调度的主要目标就是使供水区域内服务压力相对均匀，节约电耗。这可以说是管网压力的优化调度。管网压力的调度，主要是由水泵调度实现的。

管网运行调度是随着科技进步而发展的。其发展过程大体分三个阶段：①人工经验调度；②计算机辅助优化调度；③全自动优化调度。现代给水管网调度越来越多地采用四项基础技术：计算机技术（Computer），通信计算（Communication），控制技术（Control）和传感技术（Sensor），简称 3C＋S 技术。建立在这些基础技术上的应用技术如管网模拟、动态仿真、优化调度、实时控制、智能控制等正逐步得到应用。

近年来，管网调度不仅限于水压方面，也已考虑到管网中水质控制。这就使管网调度涵盖了水质和水压两方面，内容更加全面。有关管网中水质控制见后文。

2. 管网水质控制

维护管网水质也是给水管网运行管理的重要任务之一。经常发生这样的情况：自来水厂出水水质符合标准，但自来水龙头出水水质变差，如浊度增加、水色变黄、臭味增加等。管网中水质恶化有两类：经常性水质恶化和偶然性水质恶化。

偶然性水质恶化主要是由于管线遭到破损或在维修管道过程中，劣质水进入管网；或公共饮用水管道与个别非饮用水管道有交叉连接，使次质非饮用水流至饮用水管网内，等等。偶然性水质恶化并非经常发生。

经常性水质恶化是由于水在管道输送过程中经常产生的水质污染。生活饮用水出厂后，在通过管网输送到用户的过程中，会发生复杂的物理化学作用和生物再繁殖的可能。前者称化学不稳定性，后者称生物不稳定性。化学不稳定性会导致金属管道腐蚀，其腐蚀物是一种结垢，在水流冲击下脱离管壁，进入用户水龙头。生物不稳定性主要是由于出厂水中残存的细菌，在获得水中有机营养质时再度繁殖引起。一般情况下，出厂水中总保持一定量的剩余消毒剂以抑制细菌繁殖，但由于水在管网中停留时间长，在远离水厂的某些管道中，由于剩余消毒剂量不足，加上水中有足够的细菌所需的有机营养质，就使细菌再度繁殖。细菌附在管壁上，又会进一步促使管道腐蚀，称生物腐蚀。因此，管道的化学腐蚀、生物腐蚀相互作用，使水的色、臭、味和浊度增加，通常称管网水的二次污染。根据调查，管网水的浊度比出厂水浊度约增加 0.2~0.5NTU，色度约增加 0.8 度，铁增加约 0.01~0.04mg/L。

在给水管网系统中，中间水箱也是管网水质二次污染的主要原因之一。由于中间水箱长期暴露于空间，密封不严，管理不善，引起水箱中污染物进入，微生物繁殖。

为控制管网水质恶化，一般采取下列措施：

(1) 控制管道腐蚀。

(2) 管线延伸过长时，应在管网中途二次投加消毒剂以抑制微生物繁殖；或在水处理过程中，最大限度地去除微生物所需的有机营养物质。

(3) 定期对金属管道进行清垢、刮管或涂衬内壁。通过消火栓和放水管，定期放去管网中的"死水"。

(4) 无论是新管敷设还是旧管检修后，都要严格检查有无漏水可能，并应充分进行冲洗消毒。

(5) 中间水箱或水池应定期清洗。

(6) 建立水质监测制度和管网水质数学模型。水质监测，用于监测管网水质在时间和空间上的变化以便及时采取控制措施。由于城市给水管网的管线很长，即使中等城市，也有上千公里的管道，要在管网中遍布监测点显然不可能，故管网水质数学模型的建立，是当前广受重视的研究课题。由于水质复杂，不可能对每一种物质或水质参数进行模拟，故通常以某一种或几种典型的水质参数作为控制指标，建立水质模型。例如管网中剩余消毒剂（或余氯）的浓度变化，浊度变化，消毒副产物的变化等，均可反映管网水质的变化趋势或二次污染状况。水质模型建立后，再用现场水质监测数据进行检验和校正。将管网中水力模型（流速和流向等）和水质模型结合，即可模拟在时间和空间上的水质变化状况以便及时提出控制措施，或在运行调度过程中自动控制。

3. 管网检漏

我国给水管网漏损率较高，一般都在 12% 以上甚至达 18%，而一些发达国家漏损率一般在 10% 以下。根据 2013 年城乡建设统计公报。我国城市年供水总量为 537.3 亿 m³。如果全国城市管网漏损率降低一个百分点，一年漏损水量可减少 5 亿 m³ 之多，相当于一个较大城市建设一个 150 万 m³/d 左右的水厂。因此降低管网漏损率具有重要的经济和环境意义。

造成管网漏水的原因主要是管道破损。管道破损有诸多原因，如管道质量差，管道使用年限过长，管道基础不平整，阀门关闭过快引起水锤作用等。管道接头不密实，阀门锈蚀或磨损等，也是导致管网漏水的重要原因。

为了降低管网漏损率，检漏是关键。通过检漏可及时发现漏水并进行修复。检漏方法有多种，如音听法、区域检漏法、区域装表法、示迹法、地下雷达法、管内摄像法等，在此不作详细介绍。

4. 管网监测

管网监测包括水力特性监测和水质监测。水力特性监测主要是管网水压和流量控制，是管网监测主要项目。水质监测主要是对某些典型水质参数进行监测。

(1) 管网水压和流量监测

测定管网水压和流量，对管网优化调度、管网改造和扩建都具有重要意义。因此，管网水压和流量测定是技术管理的一个主要内容。

测压点应均匀分布，并选在能反映整个供水区实际压力全貌的具有代表性的管线上。

测压方式有三种。第一种是将自动记录压力仪装在固定测点上，可连续 24 小时测压；第二种是将固定测压点的水压通过无线或有线电传方式及时而连续地传至调度中心；第三种是用普通压力表在规定时间、规定测点由人工测定瞬时压力。大、中型自来水公司一般采用第一和第二种方式测压。根据所测水压数据，在管网平面图上绘制等压线，同时结合地面标高，可判断供水区压力和管道内自由水压状况。若某地区等水压线过密，表明该地区管网负荷过大，管径偏小。

管网流量测点通常选在具有代表性的主要干管节点附近的直管段上。测定流量可用便携式超声波流量计，带传感头的插入式电磁流量仪等。通过流量测定，根据实测管径可算出流速，还能测得水流方向。

(2) 管网水质监测

对管网中典型水质参数进行监测，可了解管网中水质变化状况。典型水质参数通常选用浊度、pH、余氯等。监测点应有代表性，如水质易受污染地点、管道陈旧地点、用水集中地点、离水厂最远地点等。监测点数或采样点数一般按 2 万供水人口设置一个。供水人口超过 100 万时，可酌情减少。供水人口在 20 万以下时，应酌量增加。

水质监测可以 24h 连续监测，也可定时或认为需要时进行监测。

水质监测所用的仪器、仪表参见第 6 章。

5. 管道腐蚀和结垢的防治与清除

金属管道腐蚀是普遍现象，包括外壁腐蚀和内壁腐蚀。管道腐蚀将造成金属表面生锈，管道脆化或开裂，管内结垢等。金属管道腐蚀和结垢主要由化学作用和电化学作用引起。例如，管道与潮湿土壤接触会引起原电池反应产生管道外壁电化学腐蚀。水中溶解氧会引起金属腐蚀。水的 pH 低会加速管道腐蚀。水中溶解性盐类会形成沉淀等等。管道腐蚀结垢不仅增加管道内水流的水头损失，而且还影响水质。金属管道腐蚀和结垢的防治方法主要有：阴极保护（防止电化学腐蚀）；金属表面涂层（如涂油漆、沥青、内壁涂水泥砂浆或环氧树脂等）；采用非金属管道；在可能条件下进行水质稳定处理，调整水的 pH，等等。

如果管道内已有结垢和沉淀物，则可采用以下方法清除：高速水流冲洗；压缩空气和水力同时冲洗；化学清洗；机械刮管等等。按不同管径、结垢物或沉积物的化学性质和坚硬程度选择不同清除方法。管道经清除后，应随即进行内壁涂料衬里以防再度腐蚀结垢。

3.4.2 排水管网系统运行管理

在城市排水系统建成后，为保证其运行正常，减少因管道系统故障或调度不当而影响环境或造成经济损失，必须进行科学化管理，排水管网系统运行管理的主要内容：

（1）泵站运行调度

排水泵站运行调度的主要任务，就是控制泵站抽水流量使其与泵站上游管道的来水流量一致，以便安全、顺畅和经济（体现在电耗方面）地排出管中污水或雨水。泵站集水池水位变化，可反映管道中流量变化。在泵站运行过程中，若集水池水位连续上升，表明来自管道的进水流量大于泵站抽水流量，此时，应增开水泵数，或停小泵开大泵，或提高水泵转速（泵站内设有变频调速泵时）；当集水池水位连续下降时，表明进水流量小于抽水流量，此时应减少工作水泵数，或停大泵开小泵，或降低水泵转速；当集水池水位稳定时，表明泵站运行安全稳定。如果稳定水位设置在水泵高效运行区，耗电最省的位置，此水位即为最优控制水位。由于管道中流量随时变化，抽水流量也应随之改变，从而水泵调度也就比较频繁。排水泵站的频繁调度，加之管网中往往有中途泵站和终端泵站等串联泵站的相互关联，凭人工经验操作，难以达到安全、顺畅又经济的运行效果，且较易发生运行事故。因此，泵站应设置流量、水位等在线检测仪表和自动控制系统，并能体现泵站的优化运行效果。

（2）管渠清通

在排水管渠中，流量是时刻变化的。当流量较小时，往往由于污水中固体杂质沉淀，造成管道淤积。淤积过多会使管渠堵塞，污水外溢。因此，排水管渠日常管理和养护工作量最大的是清通管渠。清通的主要方法有：水力清通；机械清通。近年来，管渠清通技术也在不断发展，如管道清通车、喷射清洗真空清污车、气动式清洗机等。现在，为了及时了解管渠内沉积、堵塞和损坏情况，城市排水管渠检测设备已开始应用，从而能随时发现问题及时解决，免除了人工检测的辛苦。

（3）管渠维修

过重的管道外荷载或地基不均匀沉陷，会使管道损坏或产生裂缝。检查井顶盖、雨水口顶盖等也常常会受到损坏。因此，应有计划地安排管渠修理，以免损坏处扩大而造成事故。

3.5 给水排水管道材料和配件

3.5.1 给水管道材料和配件

1. 管道材料

给水管道不仅投资大，而且在运行中关系到供水能耗，供水水质以及供水安全可靠性。因此，合理选用管材十分重要。

选择给水管材时，应考虑以下几方面因素：

（1）管道承受内压和外荷载强度；

（2）管道耐腐蚀性能；

（3）管道使用年限；

（4）管道运输、施工和安装难易程度；

（5）管道内壁光滑程度（涉及水力条件）；

（6）管道价格。

设计中，应通过以上几方面的技术、经济综合评价，确定技术、经济合理的管道材料。给水管材主要有以下几类，分述如下：

（1）钢管

给水管道常用的是焊接钢管和无缝钢管。前者适用于大、中口径管道；后者适用于中、小口径管道。钢管的特点是：耐高压，耐振动，重量较轻，管材及管配件易加工；但刚度小，易变形，承受外荷载的稳定性差，易腐蚀。钢管价格较高。在给水管道系统中，钢管一般作为大、中口径，高压力的输水管道，特别适用于地形复杂的地区。其中无缝钢管一般是中、小口径。采用钢管时，应特别注意防腐蚀，除了内壁衬里、外壁涂层外，必要时还应作阴极保护。近年来，小口径不锈钢管也用于特殊给水系统中，如分质供水系统中，可作为直接饮用水管道。

（2）铸铁管

铸铁管是给水管道系统中使用最多的一种管材。铸铁管主要有两种：灰口铸铁管和球墨铸铁管。

灰口铸铁管耐腐蚀性比钢管强，过去使用最广，但由于质地较脆，抗冲击和抗震能力较差，爆管事故经常发生，故工业发达国家 20 世纪 60 年代就开始逐渐淘汰，我国也已逐步淘汰。

球墨铸铁管耐腐蚀性较钢管强，重量比灰口铸铁管轻，抗冲击和抗振能力比灰口铸铁管强，价格低于钢管但高于灰口铸铁管。工业发达国家已普遍采用球墨铸铁管。我国也逐渐以球墨铸铁管替代灰口铸铁管。图 3-21 是球墨铸铁管敷设施工现场。

图 3-21　某水厂 DN1800 球墨铸铁管敷设施工现场

（3）钢筋混凝土管

钢筋混凝土管道有三种：自应力钢筋混凝土管、预应力钢筋混凝土管和预应力钢筒混凝土管。

自应力钢筋混凝土管一般仅用于农村及中、小城镇给水，口径较小。

预应力钢筋混凝土管主要特点是：价格低，耐腐蚀性能优于钢管，抗振能力比灰口铸铁管强，管壁较光滑，但重量大，运输与安装不便。预应力钢筋混凝土管用于大、中口径管道。图 3-22 为预应力钢筋混凝土管。

预应力钢筒混凝土管是在管芯中间夹一层厚约 1.5mm 左右薄壁钢管，然后在环向绕一层或两层预应力钢丝。它兼具钢管和预应力钢筋混凝土管某些优点，如水密性优于钢筋混凝土管，耐腐蚀性优于钢管，但重量较大，运输、安装不便。预应力钢筒混凝土管在大口径管道中颇有发展前景。目前，世界上使用预应力钢筒混凝土管最多的国家是美国和加拿大，最大直径可达7600mm，一般管径范围在400～4000mm范围。

（4）塑料管

给水系统常用的塑料管有硬质聚氯乙烯管（PVC-U）、高密度聚乙烯管（PE）、聚丙烯管（PP）、聚丙烯腈-丁二烯-苯乙烯管（ABS）等，各种塑料管的共同优点是：表面光滑、重量较轻、耐腐蚀性能优良。但不同的塑料管也存在各自不同的缺点，如PVC-U管材质地较脆，强度不如钢管；PE

图3-22　预应力钢筋混凝土管

管刚度和强度均有限，且易老化。另外，塑料管价格偏高。尽管塑料管存在一些不足，但其优点显著，故应用日益广泛。特别适用于中、小口径管道。

（5）玻璃钢管

玻璃钢管（GRP）是一种新型管材，以玻璃纤维和环氧树脂为基本原料制成。它内壁光滑，重量轻，强度高，耐腐蚀，但价格较高。夹砂玻璃钢管（RMP）的刚性和强度更好。此类管在国内外应用日益广泛，特别是大、中型口径管道，唯目前价格较高，是影响其市场竞争力的主要因素。此外，由于在玻璃钢结构层中的玻璃纤维有可能游离至水中，故一般适用于大、中口径的浑水输水管，而在配水管网中应用较少。

（6）金、塑复合管材

为了利用金属的高强度和塑料的耐腐蚀性能，近年来金属和塑料复合管材日渐增多，主要有：

PVC衬里钢管：由PVC管和钢管复合而成，内壁为PVC管，外壁为钢管。

PE衬里钢管：由PE管和钢管复合而成，内壁为PE管，外壁为钢管。

PE粉末树脂衬里管：由钢管内壁熔融一层PE粉末树脂而成。

铝塑复合管：PE管壁中间夹一层薄铝以增加管道强度。

铝合金衬塑管：由铝合金管和PP管复合而成。内壁为PP管，外壁为铝合金管。

穿孔钢塑复合管：PE管的管壁中间用薄的实孔钢管增加强度。

以上所提的复合管材基本上是小口径管道，大多用于室内给水管道。

2. 管道配件

每根管都是直的，在管线转弯、分支、直径变化以及连接其他附属设备处，需采用管道配件予以连接，故管道配件又称管道连接配件。例如，在管道转弯处，采用弯管连接（转弯角度有90°、45°、22½°和11¼°等规格）；在承接分支管处，采用十字管（又称四通，呈十字形）、丁字管（又称三通，呈丁字形）等；在管径直径变化处，采用渐缩管（管径由大变小）、渐扩管（管径由小变大）等。管道配件一般都是标准配件，材质与管材相同，由提供管材的厂家配套供应。但有些特殊情况无标准配件时，则往往采用钢材另加工。例如，大口径预应力钢筋混凝土管往往无标准配件，则采用钢材焊接成型后，在其内外浇筑砂浆或混凝土保护层构成配件。

3.5.2　排水管渠材料

对排水管渠的要求是：

(1) 应有足够的强度以承受外荷载及内部水压（对压力管而言）；

(2) 应具有抵抗污水中固体杂质的冲刷和磨损的性能；

(3) 应具有抗腐蚀性能；

(4) 内壁光滑，不透水；

(5) 尽量就地取材。

排水管渠主要有以下几种：

1. 排水管道

(1) 混凝土管和钢筋混凝土管

混凝土管一般用于管道埋深不大、管径较小的无压自流管，管径一般小于450mm，长1m。

钢筋混凝土管一般用于管道埋深较大或土质不良地段的自流管，或作为泵站压力管及倒虹吸管等。

混凝土管及钢筋混凝土管主要优点是价格低，便于就地取材、制造方便。主要缺点是抵抗酸、碱侵蚀及抗渗透能力差，重量大。近年来，国内外广泛对混凝土管和钢筋混凝土管进行改性。改性的方法有：在混凝土管中加入掺合剂，或改变水泥混凝土中矿物组成，目的是使混凝土体更加密实，提高耐腐蚀性。

(2) 陶土管

陶土管有双面釉、单面釉和无釉之分。若采用耐酸黏土和耐酸填充物，还可制成耐酸的陶土管。带釉陶土管的优点是：内、外壁光滑，耐腐蚀，耐磨损；缺点是质脆易碎，不能承受内压，抗弯强度低。普通陶土管一般用于居住区室外排水管。耐酸陶土管适用于排除酸性废水。陶土管均是小直径排水管，管长也较小，施工不方便。

(3) 金属管

常用的金属管主要是铸铁管和钢管。金属管主要用于承受高内压、高外压、对渗漏要求高的地方，如排水泵站进、出水管、穿越铁路、河流的倒虹吸管等。金属管不仅价格高，且易腐蚀，特别是钢管，应对管道内、外壁采取防腐蚀措施。

(4) 塑料管

近年来，塑料管也已广泛用于排水管道，如PE管、ABS管、PVC-U管等，特别是PVC-U管应用较多。大口径排水管道中，已开始应用玻璃钢夹砂管。例如，昆明滇池截污工程中，采用了直径分别为1400mm和1600mm的RMP管。国外也有GRP管作为大型排水管道。

塑料管性能优良毋庸置疑，唯因价格高，使其应用受到限制。现在国内外正努力开发新型排水管材，包括复合管材、管道衬里防腐蚀、带基础管道以及异形断面排水管等。

2. 大型排水渠道

排水管道直径一般小于2000mm。实际上，当管道直径大于1500mm时，常在现场建造大型渠道。渠道断面形状有矩形、拱形、半椭圆形等，通常用砖、石、混凝土块或钢筋混凝土块砌筑而成，也有的采用混凝土在施工现场支模浇制。图3-23为渠道的几种断面形状。

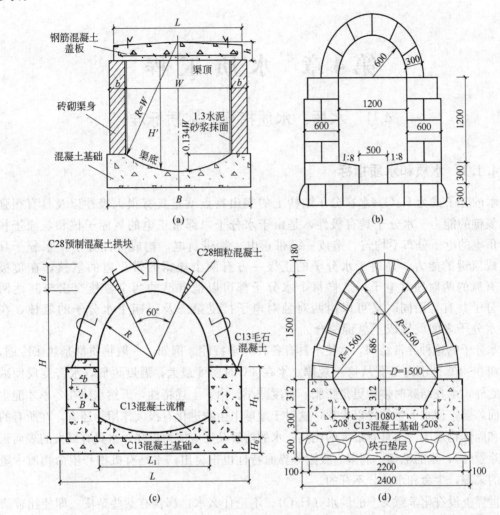

图 3-23 排水渠道断面

（a）矩形大型渠道；（b）条石砌渠道；（c）预制混凝土块拱形渠道（沈阳）；（d）预制混凝土块污水渠道（西安）

由于污水和雨水水质不同，不同污水（如生活污水、工业废水）性质也不相同，选用管材时应有所区别。

第4章 水质工程

4.1 水质、水质指标和水质标准

4.1.1 水质和水质指标

水的分子式为 H_2O。水在分子结构上的突出特点就是具有很大极性以及具有很强生成氢键的能力。水分子具有极性，是由于水分子内部带正电的氧原子核和氢原子核与带负电的电子分布不均匀，造成一端带正电一端带负电，构成极性分子。水分子具有生成氢键的能力，是由于水分子的正极一方有两个裸露的带正电的氢核，在负极一方有氧的两对独对电子，这样每个水分子都可以把自己的两个氢核交出与其他两个水分子共有，而同时又可以由两对独对电子接受第三及第四个水分子的氢核，在这些水分子之间就生成了氢键缔合。

水分子的这种异常结构，就使水具有各种异常特性。例如，一般物质都是热胀冷缩，而水在 $0\sim4℃$ 范围内不服从这一规律。水在 $4℃$ 时密度最大，温度再低，水密度反而减小。此外，水在结冰时体积更是膨胀，密度减小。由于上述特性，天然水体在冬季才能生成表面冰盖，使水下生物得以生存，这对于地球上生物进化有极大作用。还有，在所有的液体和固体物质中，水具有最大的比热；水的溶解及反应能力极强；水具有最大的表面张力（除汞外），水的毛细、润湿、吸附等界面特性也很突出；水是有机物和生命物质中氢元素的来源，生命和水是分不开的。

世界上没有化学意义上的纯水（H_2O）。不论什么水，都含有某些杂质。即使比较清洁的雨水，也含有少量固体颗粒物、溶解性无机物和有机物以及溶解性气体。地表水由地表径流汇集而成，常含有泥砂、无机物和有机物以及生物和微生物。地下水经地层过滤，水中颗粒物质较少，但无机物、矿物质含量较多。城市污水中含有大量人体排泄物及生活废弃物以及生活中使用的人造化学物质等。工业废水中含有的杂质则多种多样、千差万别，与工业门类、生产工艺等密切相关。

水中的杂质，按其来源不同可分为无机物、有机物和微生物。按杂质尺寸不同，可分为悬浮物、胶体和溶解物质，它们的尺寸范围如图 4-1 所示。

水质，就是水及其所含杂质共同表现出来的物理的、化学的和生物学的综合特性。某一水质特性，可通过所谓水质指标来表达。某种水的水质全貌，可通过建立水质指标体系来表达。

水质指标项目很多，按其性质可分为物理的、化学的和生物的三大类。每种水质指标，都有其国际上通用的标准分析方法，这样对各地各种水质指标的检测数据才有可比性，便于相互参考和交流。

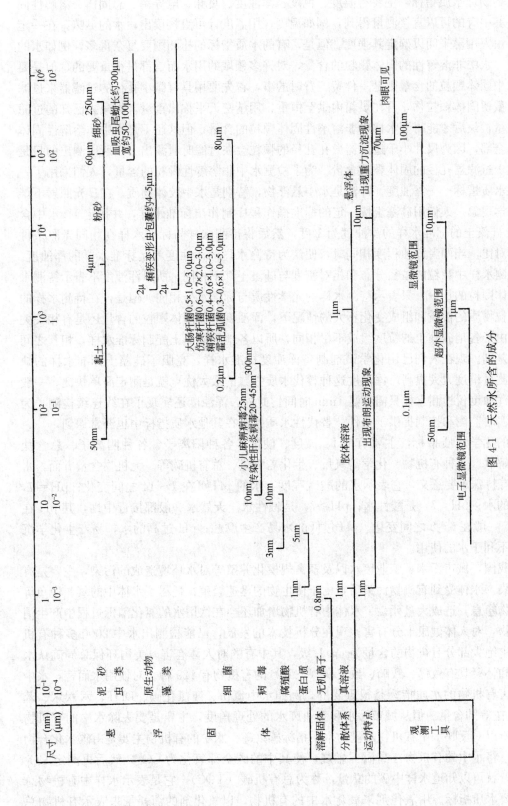

图 4-1 天然水所含的成分

　　水的物理水质指标，主要有温度、色度、浑浊度、臭味、电导率、总固体、溶解性固体等，其中有的可以直接测量得到，例如温度，用温度计可直接读出；水的臭味，在一定条件下由人用鼻来闻以确定其强度。但是，有的水质指标的检测则要复杂得多，例如水的浑浊度。水中非溶解性的固体颗粒的含量，对许多领域的用水而言都是很重要的，但是要测定水中固体颗粒的含量则是一件费工费时的事，首先要用具有微小孔径的过滤器来过滤水样以截留固体颗粒物，再在烘箱内烘至恒重，用精密天平称出重量，再减去已知的过滤器的重量，最后才能得到水样中非溶解性固体颗粒的含量，但这还不是水中非溶解性固体颗粒的全部，因为尺寸小于过滤器微孔孔径的颗粒会在过滤时泄漏出去，所以测出的只是尺寸大于过滤器孔径的固体颗粒含量。为了检测水中非溶解性颗粒的含量，人们采用了一种替代水质指标——浑浊度。浑浊是水中悬浮物，特别是水中胶体物质，在日光照射下产生的光学现象。人们用硅藻土按一定的标准操作程序制作出标准水样，并指定 1L 水中含有 1mg 硅藻土的标准水样的浑浊度为 1 度，然后将待测水样与标准水样在相同光照条件下进行对比，当两者浑浊程度相同时，便认为待测水样的浑浊度就是标准水样的浑浊度。由于待测水样中颗粒的粒径分布和相对密度与硅藻土都不相同，所以浑浊度不表示待测水样中固体颗粒的重量，只表示待测水样的光学性质与标准水样相同。但是，在待测水样的固体颗粒物质的性质和组成变化不大的情况下，浑浊度与其固体颗粒的含量还是有相关关系的。由于各地硅藻土的粒度组成不尽相同，所以各地用硅藻土配制标准水样，相互之间仍存在差别。现在人们已用化学试剂制备浑浊度标准水样，克服了硅藻土标准水样的缺点，使测量精度大大提高。浑浊度这种替代水质参数的最大优点就是测定简单快捷，一般用专用浑浊度仪检测水样只需不足 1min 时间。此外，浑浊度还实现了在线连续检测，为水质的实时监测和控制提供了条件。替代性水质指标在其他水质指标中也经常遇到。

　　水的化学水质指标，主要有 pH、碱度、硬度、各种阳离子、各种阴离子、总含盐量、溶解氧、各种有机物、化学需氧量、生化需氧量、总有机碳等。无机物含量方面，水的 pH 有特殊重要意义，它表示水的酸碱程度：水的 pH 可在 1～14 之间变化；pH＝7，是中性的水；pH＜7，是酸性水；pH＞7，是碱性水。天然水一般都接近中性，其 pH 在 7 左右，一般在 6～8 之间变化。pH 过低的水易产生腐蚀；pH 过高的水，易产生化学沉淀，都不利于水的使用。

　　在我国，城市污水、工业废水以及畜禽规模化养殖等对水环境造成的污染，主要是有机物污染。水体受到有机物污染后，由于微生物的迅速繁殖，耗尽了水体中的氧，使鱼等水生生物窒息，造成大量死亡。水体中有机物增加还会在饮用水的氯化消毒过程中产生消毒副产物，对人体健康十分有害。现在分析技术的发展，已能检测出水中 2000 多种有机物，其中绝大部分有机物的含量为 $\mu g/L$ 级，其中有的对人体有害。美国环保总局确认水中具有和怀疑具有致癌、致畸、致突变（三致）的有机物有 129 种。对饮用水而言，水中有毒有害有机物的水质指标是很重要的，例如水中氯仿、四氯化碳、DDT、六六六、苯并（a）芘等的含量。但从城市污水和工业废水的处理角度，主要是要去除水中的有机物总量，所以对反映水中有机物总量的水质指标感兴趣。水中的有机物主要是由碳水化合物构成的，将水中的有机物在高温下燃烧，使其中的碳全部氧化为 CO_2，然后再测定 CO_2 的含量，就可以知道水样中碳的总量，称为总有机碳（TOC），它是表示水样中有机物总量的重要水质指标。用氧化剂来氧化水中的有机物，以氧化剂的消耗量来表示有机物总量，也是一种常用的方法，称为化学需氧量（COD）。常用的氧化剂有重铬酸钾（$K_2Cr_2O_7$）和高锰酸钾（$KMnO_4$），这两种氧化剂都只能部分地将水中有机物氧化掉，所以用 $K_2Cr_2O_7$ 测出的称为重铬酸钾化学需氧量（COD_{Cr}），用 $KMnO_4$ 测出的称为高锰酸钾化学需氧量（COD_{Mn}）。在城市污水和工业废水中，用以去除水中有机物的最重要的方法是生物氧化法。水中的有机物，有的能被好氧微生物氧化，有的不能被氧化。为了解水中能被微生物氧化的有机物总量，可将含溶解氧的水样置于一定的温度条件下培养若干天（标准为 20 日），这时生物氧化已基本完成，测定水中溶解氧在生物氧化过程中的消耗量，就可知道水中可被生物氧化的有机物的总量，称为生化需氧量（BOD）。为了缩短测定时间，工程上常采用 5 日的培养时间，表示为 BOD_5。由上可知，水质指标可从不同角度提出，为不同的要求服务。

水的生物学指标，主要有菌落总数、总大肠菌群、耐热大肠菌群、大肠埃希氏菌等。对城市生活饮用水而言，水的生物学指标特别重要，因为水的生物学指标主要反映的是水中病原微生物的数量。水中存在病原微生物，能导致疾病的爆发，危害极大。水中的病原微生物有病毒、细菌和原生动物三类，每类又有若干种。在日常监测工作中，要对它们一一分离检测工作量极大，是非常困难的。所以在这里也应用了替代性水质指标，菌落总数和总大肠菌群等都是替代性水质指标。水中菌落总数少，表示水中病原细菌也可能少，它能反映出水中细菌的数量水平。大肠杆菌是人类肠道中的一种主要细菌，而水介传染病主要也是肠道疾病，所以大肠杆菌与肠道病菌的生活条件相近；此外，大肠杆菌的数量比肠道病菌要多得多，并且随粪便排出体外后，在水环境中的存活时间与肠道病菌比较相对较长，同时对大肠杆菌的检测也比较容易。如果水中大肠杆菌的数量降至一定水平以下，便可以认为水中病菌的存活概率已经很小，即水在细菌学上被认为是安全的了。

菌落总数和总大肠菌群等作为监测水中肠道病菌的替代水质指标是比较合理和有效的，但它作为监测水中病毒和病原原生动物的替代水质指标却不十分有效。因为大肠杆菌与病毒以及病原原生动物的生存条件及它们在水环境中的存活情况有相当大的差别，结果导致在细菌总数和总大肠菌群符合饮用水水质标准的情况下，出现了由病毒或病原原生动物引起的疾病暴发的现象。目前，为了弥补上述不足，又将水的浑浊度作为另一个水的生物学替代性水质指标，因为病毒、病菌和病原原生动物在水中大多不是单独存在的而是附着于胶体和悬浮颗粒上的，并且病毒、病菌和病原原生动物本身的尺寸也都能使水产生浑浊度，所以水的浑浊度愈低，水中的病原微生物便会愈少，从而提高了水的卫生安全性。由上可见，水中的病毒和病原原生动物的有效监测，仍是一个有待解决的问题。

20 世纪后期，发现水源水中存在高致病性原生动物——贾第鞭毛虫和隐孢子虫，它们的孢囊和卵囊具有很强的抗氯性，当饮用水处理系统故障时其包囊和卵囊便可穿过处理构筑物进入饮用水中，引起疾病暴发，所以在新的水质指标中增设了贾第鞭毛虫和隐孢子虫的检测项目。

4.1.2 水质标准

1. 生活饮用水卫生标准

人们生活和工农业生产都需要水，用途多种多样，每种用水不仅对水量方面有要求，并且对水质方面也有要求。如果用水在水质上不能满足要求，就会带来危害，例如影响人们身体健康，给工、农业生产造成损失，为此就需要制订水质标准。由国家颁布的水质标准，在全国具有通用性、指令性和法律性。由部门制订的水质标准，则只适用于部门内部。

饮用水的水质与人体健康有关。对城镇居民生活饮用水的水质要求，应是水中不得含有病原微生物，所含化学物质及放射性物质不得危害人体健康，感官性状良好，使用上方便。

我国政府为保障城镇居民的饮用水安全，制订了集中式供水的生活饮用水卫生标准。于 1959 年颁布的第一个国家《生活饮用水卫生标准》只包括了 16 项水质指标，1976 年修订时将水质指标增加到 23 项。随着我国水环境污染的加剧，城镇水源水中对人体有害的污染物特别是有机污染物大幅增加，要求制订更严格的水质标准，所以于 1985 年修订时 GB 5749—85 将水质指标增加到 35 项。

2006 年颁布了新的国家标准《生活饮用水卫生标准》GB 5749—2006，这个经过 21 年才颁布的新国家标准，将水质指标大幅度地增加到 106 项，反映出我国随着国民经济的快速发展，人民对饮用水质量的高度关注，并表明我国的饮用水水质目标已基本上达到国际对饮用水水质的要求。

前已述及，其中细菌学水质指标具有特别重要的意义，因为水质指标如超过标准值将会使水传播疾病的暴发危险性增大。

在现行国家标准《生活饮用水卫生标准》GB 5749—2006 中，有微生物指标 6 项，饮用水消毒剂指标 4 项，毒理指标中无机化合物指标 21 项，毒理指标中有机化合物指标 53 项，感官性状和一般化学指标 20 项，放射性指标 2 项，总计 106 项。表 4-1 中列出了标准中的水质常规指标及限值。水质常规指标是能反映生活饮用水水质基本状况的水质指标。表 4-2 为饮用水中消毒剂常规指标及要求。表 4-3 为水质非常规指标及限值。水质非常规指标为根据地区、时间或特殊情况需要实施的生活饮用水水质指标。

水质常规指标及限值 表 4-1

指　　　标	限　　　值
1. 微生物指标[a]	
总大肠菌群（MPN/100mL 或 CFU/100mL）	不得检出
耐热大肠菌群（MPN/100mL 或 CFU/100mL）	不得检出
大肠埃希式菌（MPN/100mL 或 CFU/100mL）	不得检出
菌落总数（CFU/100mL）	100
2. 毒理指标	
砷（mg/L）	0.01
镉（mg/L）	0.005
铬（六价）（mg/L）	0.05
铅（mg/L）	0.01
汞（mg/L）	0.001
硒（mg/L）	0.01

续表

指 标	限 值
氰化物(mg/L)	0.05
氟化物(mg/L)	1.0
硝酸盐(以 N 计)(mg/L)	10 地下水源限制时为 20
三氯甲烷(mg/L)	0 06
四氯化碳(mg/L)	0.002
溴酸盐(使用臭氧时)(mg/L)	0.01
甲醛(使用臭氧时)(mg/L)	0.9
亚氯酸盐(使用二氧化氯消毒时)(mg/L)	0.7
氯酸盐(使用复合二氧化氯消毒时)(mg/L)	0.7
3. 感官性状和一般化学指标	
色度(铂钴色度单位)	15
浑浊度(散射浑浊度单位)/NTU	1 水源与净水技术条件限制时为 3
臭和味	无异臭、异味
肉眼可见物	无
pH	不小于 6.5 且不大于 8.5
铝(mg/L)	0.2
铁(mg/L)	0.3
锰(mg/L)	0.1
铜(mg/L)	1.0
锌(mg/L)	1.0
氯化物(mg/L)	250
硫酸盐(mg/L)	250
溶解性总固体(mg/L)	1000
总硬度(以 $CaCO_3$ 计)(mg/L)	450
耗氧量(COD_{Mn}法,以 O_2 计)(mg/L)	3 水源限制,原水耗氧量＞6mg/L 时为 5
挥发酚类(以苯酚计)(mg/L)	0.002
阴离子合成洗涤剂(mg/L)	0.3
4. 放射性指标[b]	指导值
总 α 放射性(Bq/L)	0.5
总 β 放射性(Bq/L)	1

注：a. MPN 表示最可能数；CFU 表示菌落形成单位。当水样检出总大肠菌群时，应进一步检验大肠埃希氏菌或耐热大肠菌群；水样未检出总大肠菌群，不必检验大肠埃希氏菌或耐热大肠菌群。
　　b. 放射性指标超过指导值，应进行核素分析和评价，判定能否饮用。

饮用水中消毒剂常规指标及要求　　　　表 4-2

消毒剂名称	与水接触时间	出厂水中限值（mg/L）	出厂水中余量（mg/L）	管网末梢水中余量（mg/L）
氯气及游离氯制剂（游离氯）	≥30min	4	≥0.3	≥0.05
一氯胺（总氯）	≥120min	3	≥0.5	≥0.05
臭氧（O_3）	≥12min	0.3	—	0.02 如加氯，总氯≥0.05
二氧化氯（ClO_2）	≥30min	0.8	≥0.1	≥0.02

水质非常规指标及限值　　　　表 4-3

指　　标	限　　值
1. 微生物指标	
贾第鞭毛虫（个/10L）	<1
隐孢子虫（个/10L）	<1
2. 毒理指标	
锑（mg/L）	0.005
钡（mg/L）	0.7
铍（mg/L）	0.002
硼（mg/L）	0.5
钼（mg/L）	0.07
镍（mg/L）	0.02
银（mg/L）	0.05
铊（mg/L）	0.0001
氯化氰（以 CN-计）（mg/L）	0.07
一氯二溴甲烷（mg/L）	0.1
二氯一溴甲烷（mg/L）	0.06
二氯乙酸（mg/L）	0.05
1,2-二氯乙烷（mg/L）	0.03
二氯甲烷（mg/L）	0.02
三卤甲烷（三氯甲烷、一氯二溴甲烷、二氯一溴甲烷、三溴甲烷的总和）	该类化合物中各种化合物的实测浓度与其各自限值的比值之和不超过 1
1,1,1-三氯乙烷（mg/L）	2
三氯乙酸（mg/L）	0.1
三氯乙醛（mg/L）	0.01
2,4,6-三氯酚（mg/L）	0.2
三溴甲烷（mg/L）	0.1
七氯（mg/L）	0.0004
乌拉硫磷（mg/L）	0.25
五氯酚（mg/L）	0.009

续表

指　　　标	限　　　值
六六六（总量）(mg/L)	0.005
六氯苯(mg/L)	0.001
乐果(mg/L)	0.08
对硫磷(mg/L)	0.003
灭草松(mg/L)	0.3
甲基对硫磷(mg/L)	0.02
百菌清(mg/L)	0.01
呋喃丹(mg/L)	0.007
林丹(mg/L)	0.002
毒死蜱(mg/L)	0.03
草甘膦(mg/L)	0.7
敌敌畏(mg/L)	0.001
莠去津(mg/L)	0.002
溴氰菊酯(mg/L)	0.02
2,4-滴(mg/L)	0.03
滴滴涕(mg/L)	0.001
乙苯(mg/L)	0.3
二甲苯（总量）(mg/L)	0.5
1,1-二氯乙烯(mg/L)	0.03
1,2-二氯乙烯(mg/L)	0.05
1,2-二氯苯(mg/L)	1
1,4-二氯苯(mg/L)	0.3
三氯乙烯(mg/L)	0.07
三氯苯（总量）(mg/L)	0.02
六氯丁二烯(mg/L)	0.0006
丙烯酰胺(mg/L)	0.0005
四氯乙烯(mg/L)	0.04
甲苯(mg/L)	0.7
邻苯二甲酸二(2-乙基己基)酯(mg/L)	0.008
环氧氯丙烷(mg/L)	0.0004
苯(mg/L)	0.01
苯乙烯(mg/L)	0.02
苯并(a)芘(mg/L)	0.00001
氯乙烯(mg/L)	0.005
氯苯(mg/L)	0.3
微囊藻毒素-LR(mg/L)	0.001

续表

指 标	限 值
3. 感官性状和一般化学指标	
氨氮（以 N 计）(mg/L)	0.5
硫化物(mg/L)	0.02
钠(mg/L)	200

水的毒理学指标及放射性水质指标对饮用水的安全性也是至关重要的。水的毒理学指标超标，一般将引起人体的慢性中毒或诱发癌变，特别是当发生某种非常事件而导致某些毒理学指标严重超标时，还可引起急性中毒。水的毒理学指标包括数量众多的无机化合物、重金属及微量有机污染物，它们对人体健康的影响各不相同。例如，水中氟化物的含量超过标准值（1.0mg/L，以 F 计）可引起氟中毒症，但含量小于 0.5mg/L 也会引起缺氟症（如儿童龋齿症）。水中硒的浓度超过标准值（0.01mg/L）会显示出毒性，但硒浓度过低也会致病。水中的苯是一种致癌物。水中的酚是一种毒性物质，但浓度标准（0.002mg/L）不是依据其毒性，而是依据它与氯作用生成氯酚不致产生臭味来制定的。水中的农药林丹，氯化消毒副产物-三卤甲烷都有致癌作用等。

水的化学指标，有的对饮用水的安全性也有意义，例如人们长期饮用硬度过低的软水（一般低于 70mg/L，以 $CaCO_3$ 计），其心血管病死亡率会比饮用硬水的人要高。

人们对生活饮用水，不仅要求对人体健康是安全的，并且要求在感官上具有良好性状，如清澈透明、无臭无味等，因此标准中还制订有水的感官性状指标。

符合我国《生活饮用水卫生标准》的城镇集中式供水水质，应该认为是安全的。但从其制订过程来看，随着科学技术的发展，不断发现新的有毒有害物质和新的病原微生物；随着社会经济的发展，人们对饮用水水质的要求也愈来愈高、愈来愈严格，从而使饮用水的安全性不断得到提高。所以，《生活饮用水卫生标准》反映的是在一定的社会经济和科学发展水平条件下的饮水安全性。

2. 工业用水的水质标准

工业生产门类很多，不同的工业，不同的生产工艺，对水质的要求都不相同。现仅举锅炉用水的水质标准为例。

2001 年国家颁布了《工业锅炉水质》GB 1576—2001，该标准是在《低压锅炉水质》GB 1576—1996 基础上修订并改名为现标准名称。所谓低压锅炉，是指额定出口蒸汽压力不大于 2.5MPa 的固定式蒸汽锅炉和热水锅炉。为使锅炉能正常安全经济运行，水在锅炉内应不产生水垢，不腐蚀炉体部件，不产生气水共腾现象。水在锅炉内传热表面产生水垢，会减低传热效率，影响锅炉的经济运行；水垢过厚，还会导致炉管金属过热，引起锅炉爆炸。锅炉内温度很高，会使水的腐蚀性大大增强，水有腐蚀性会降低锅炉部件的使用寿命，所以控制水的腐蚀性是很重要的。在锅炉内水的蒸发强度很大，水质不佳会产生大量气泡，甚至气泡及其破碎形成的水滴会随蒸汽溢出炉外，即产生气水共腾现象，使蒸汽品质下降，影响使用，所以制订了锅炉水的水质标准。锅炉内的水不断蒸发减少，需要不断向锅炉补充水（给水），所以也制订了给水水质标准。表 4-4 即为蒸汽锅炉和汽水两用锅炉的水质标准。

蒸汽锅炉和汽水两用锅炉的水质标准   表 4-4

项　　目		给　　水			锅　炉　水		
额定蒸汽压力(MPa)		≤1.0	>1.0 ≤1.6	>1.6 ≤2.5	≤1.0	>1.0 ≤1.6	>1.6 ≤2.5
悬浮物(mg/L)		≤5	≤5	≤5	—	—	—
总硬度(mmol/L①)		≤0.03	≤0.03	≤0.03	—	—	—
总硬度(mmol/L②)	无过热器	—	—	—	6~26	6~24	6~16
	有过热器	—	—	—	—	≤14	≤12
pH(25℃)		≥7	≥7	≥7	10~12	10~12	10~12
溶解氧(mg/L③)		≤0.1	≤0.1	≤0.05	—	—	—
溶解固形物(mg/L④)	无过热器	—	—	—	<4000	<3500	<3000
	有过热器	—	—	—	<3000	—	<2500
SO_3^{2-}(mg/L)		—	—	—	—	10~30	10~30
PO_4^{3-}(mg/L)		—	—	—	—	10~30	10~30
相对碱度$\left(\dfrac{游离\ NaOH}{溶解固形物}\right)$⑤		—	—	—	—	<0.2	<0.2
含油量(mg/L)		≤2	≤2	≤2	—	—	—
含铁量(mg/L⑥)		≤0.3	≤0.3	≤0.3	—	—	—

注：① 硬度 mmol/L 的基本单元为（$1/2Ca^{2+}$、$1/2Mg^{2+}$），下同。
②碱度 mmol/L 的基本单元为（OH^-、$1/2CO_3^{2-}$、HCO_3^-），下同。
对蒸汽品质要求不高，且不带过热器的锅炉，使用单位在报请当地锅炉压力容器安全监察机构同意后，碱度指标上限值可适当放宽。
③当锅炉额定蒸发量大于等于 6t/h 时应除氧，额定蒸发量小于 6t/h 的锅炉如发现局部腐蚀时，给水应采取除氧措施，对于供汽轮机用汽的锅炉给水含氧量应不大于 0.05mg/L。
④如测定溶解固形物有困难时，可采用测定电导率或氯离子（Cl^-）的方法来间接控制，但溶解固形物与电导率或与氯离子（Cl^-）的比值关系应根据试验确定。并应定期复试和修正此比值关系。
⑤全焊接结构锅炉相对碱度可不控制。
⑥仅限燃油、燃气锅炉。

3. 地表水环境质量标准

不同用途的水体对水质要求也不同。一般说来，饮用水源和风景游览区水源的要求最高，其次是渔业和水上运动，再次是工业和农业水源，航运和接纳废水的河流要求最低。

为了便于管理，可按水体不同功能要求对水质进行分类。

国家于 2002 年颁布了《地表水环境质量标准》GB 3838—2002。该标准依据地表水水域环境功能和保护目标，按功能高低依次将水域划分为五类：

Ⅰ类　主要适用于源头水、国家自然保护区；

Ⅱ类　主要适用于集中式生活饮用水地表水源地一级保护区、珍稀水生生物栖息地、鱼虾类产卵场、仔稚幼鱼的索饵场等；

Ⅲ类　主要适宜于集中式生活饮用水地表水源地二级保护区、鱼虾类越冬场、洄游通道、水产养殖区等渔业水域及游泳区；

Ⅳ类　主要适用于一般工业用水区及人体非直接接触的娱乐用水区；

Ⅴ类　主要适用于农业用水区及一般景观要求水域。

根据地表水上述五类水域功能，将地表水环境质量标准基本项目标准值分为五类，不同功能类别分别执行相应类别的标准值。水域功能类别高的标准值严于水域功能类别低的标准值。同一水域兼有多类使用功能的，执行最高功能类别对应的标准值。实现水域功能与达到功能类别标准为同一含义。

表 4-5 只列出了《地表水环境质量标准》GB 3838—2002 基本项目。该标准还包括集中式生活饮用水地表水源地补充项目和集中式生活饮用水地表水源地特定项目，在此不再一一列出。《地表水环境质量标准》于 1983 年首次发行，1988 年为第一次修订，1999 年为第二次修订，2002 年为第三次修订。

《地表水环境质量标准》基本项目标准限值 GB 3838—2002　　表 4-5

（单位：mg/L）

序号	项目 标准值 分类	I 类	II 类	III 类	IV 类	V 类
1	水温(℃)	人为造成的环境水温变化应限制在：周平均最大温升≤1　周平均最大温降≤2				
2	pH(无量纲)	6～9				
3	溶解氧　≥	饱和率90%（或7.5）	6	5	3	2
4	高锰酸盐指数　≤	2	4	6	10	15
5	化学需氧量(COD)　≤	15	15	20	30	40
6	五日生化需氧量(BOD_5)　≤	3	3	4	6	10
7	氨氮(NH_3—N)≤	0.15	0.5	1.0	1.5	2.0
8	总磷(以 P 计)≤	0.02 (湖、库 0.01)	0.1 (湖、库 0.025)	0.2 (湖、库 0.05)	0.3 (湖、库 0.1)	0.4 (湖、库 0.2)
9	总氮(湖、库,以 N 计)　≤	0.2	0.5	1.0	1.5	2.0
10	铜　≤	0.01	1.0	1.0	1.0	1.0
11	锌　≤	0.05	1.0	1.0	2.0	2.0
12	氟化物(以 F⁻ 计)≤	1.0	1.0	1.0	1.5	1.5
13	硒　≤	0.01	0.01	0.01	0.02	0.02
14	砷　≤	0.05	0.05	0.05	0.1	0.1
15	汞　≤	0.00005	0.00005	0.0001	0.001	0.001
16	镉　≤	0.001	0.005	0.005	0.005	0.01
17	铬(六价)≤	0.01	0.05	0.05	0.05	0.1
18	铅　≤	0.01	0.01	0.05	0.05	0.1
19	氰化物　≤	0.005	0.05	0.2	0.2	0.2
20	挥发酚　≤	0.002	0.002	0.005	0.01	0.1
21	石油类　≤	0.05	0.05	0.05	0.5	1.0
22	阴离子表面活性剂　≤	0.2	0.2	0.2	0.3	0.3
23	硫化物　≤	0.05	0.1	0.05	0.5	1.0
24	粪大肠菌群(个/L)　≤	200	2000	10000	20000	40000

该标准的制定，贯彻执行了我国《环境保护法》和《水污染防治法》，目的在于防治水污染，保护地表水水质，保障良好的生态系统。

4. 污（废）水排放标准

为了保护江河、湖泊等地表水体及地下水体水质的良好状态，保障人体健康，维护生态平衡，促进国民经济发展，国家于 2002 年颁布了《城镇污水处理厂污染物排放标准》GB 18918—2002。

根据地表水域使用功能要求和污（废）水排放去向，向地表水域和城市排水管道排放的污（废）水分别执行不同标准。

（1）排入 GB 3838 III 类水域（划定的保护区和游泳区除外）和排入 GB 3097 中二类海域的污水，执行一级标准。

（2）排入 GB 3838 中 IV、V 类水域和排入 GB 3097 中三类海域的污水，执行二级标准。

（3）排入设置二级污水处理厂的城镇排水系统的污水，执行三级标准。

（4）排入未设置二级污水处理厂的城镇排水系统的污水，必须根据排水系统出水受纳水域的功能要求，分别执行（1）和（2）的规定。

（5）GB 3838 中 I、II 类水域和 III 类水域中划定的保护区，GB 3097 中一类海域，禁止新建排污口，现有排污口应按水体功能要求实行污染物总量控制，以保证受纳水体水质符合规定用途的水质标准。

污水综合排放标准中，将排放的污染物按其物质分为两类。

第一类污染物能在环境或动植物体内蓄积，对人体健康产生长远不良影响。第一类污染物，不分行业和污水排放方式，也不分受纳水体的功能类别，一律在车间或车间处理设施排放口采样，其最高允许排放浓度必须达到本标准要求（采矿行业的尾矿坝出水口不得视为车间排放口），见表 4-6。

第一类污染物最高允许排放浓度　　　　　　　表 4-6

（单位：mg/L）

序　号	污染物	最高允许排放浓度	序　号	污染物	最高允许排放浓度
1	总汞	0.05	8	总镍	1.0
2	烷基汞	不得检出	9	苯并(a)芘	0.00003
3	总镉	0.1	10	总铍	0.005
4	总铬	1.5	11	总银	0.5
5	六价铬	0.5	12	总 α 放射性	1Bq/L
6	总砷	0.5	13	总 β 放射性	10Bq/L
7	总铅	1.0			

第二类污染物的长远影响小于第一类污染物，应在排污单位排放口采样，其最高允许排放浓度必须达到本标准要求，见表 4-7。

上述有关水环境的国家标准，仅是水环境标准体系中的一部分。我国 20 世纪 80 年代以来陆续颁发了数十项国家水环境标准，此外还有几十项水环境地方标准。迄今，我国初步建立起来的水环境标准体系，已促进了水污染控制，改善了水环境质量，对我国的水质管理和水环境保护起了重大作用。

第二类污染物最高允许排放浓度（1997 年 12 月 31 日之前建设的单位） **表 4-7**

（单位：mg/L）

序号	污染物	适用范围	一级标准	二级标准	三级标准
1	pH	一切排污单位	6～9	6～9	6～9
2	色度（稀释倍数）	染料工业	50	180	—
		其他排污单位	50	80	—
		采矿、选矿、选煤工业	100	300	—
		脉金选矿	100	500	—
3	悬浮物（SS）	边远地区砂金选矿	100	800	—
		城镇二级污水处理厂	20	30	—
		其他排污单位	70	200	400
		甘蔗制糖、苎麻脱胶、湿法纤维板工业	30	100	600
4	五日生化需氧量（BOD_5）	甜菜制糖、酒精、味精、皮革、化纤浆粕工业	30	150	600
		城镇二级污水处理厂	20	30	—
		其他排污单位	30	60	300
		甜菜制糖、焦化、合成脂肪酸、湿法纤维板、染料、洗毛、有机磷农药工业	100	200	1000
		味精、酒精、医药原料药、生物制药、苎麻脱胶、皮革、化纤浆粕工业	100	300	1000
		石油化工工业（包括石油炼制）	100	150	500
5	化学需氧量（COD）	城镇二级污水处理厂	60	120	—
6	石油类	其他排污单位	100	150	500
7	动植物油	一切排污单位	10	10	30
8	挥发酚	一切排污单位	0.5	0.5	2.0
9	总氰化合物	一切排污单位	0.5	0.5	2.0
		电影洗片（铁氰化合物）	0.5	5.0	5.0
10	硫化物	其他排污单位	0.5	0.5	1.0
11	氨氮	一切排污单位	1.0	1.0	2.0
		医药原料药、染料、石油化工工业	15	50	—
		其他排污单位	15	25	—
12	氟化物	黄磷工业	10	20	20
		低氟地区（水体含氟量＜0.5mg/L）	10	10	20
13	磷酸盐（以 P 计）	其他排污单位	0.5	1.0	
14	甲醛	一切排污单位	—	—	

续表

序号	污染物	适用范围	一级标准	二级标准	三级标准
15	苯胺类	一切排污单位	1.0	2.0	5.0
16	硝基苯类	一切排污单位	2.0	3.0	5.0
17	阴离子表面活性剂(LAS)	合成洗涤剂工业	5.0	15	20
		其他排污单位	5.0	10	20
18	总铜	一切排污单位	5.0	1.0	2.0
19	总锌	一切排污单位	2.0	5.0	5.0
20	总锰	合成脂肪酸工业	2.0	2.0	5.0
		其他排污单位	2.0	2.0	5.0
21	彩色显影剂	电影洗片	2.0	3.0	5.0
22	显影剂及氧化物总量	电影洗片	3.0	6.0	6.0
23	元素磷	一切排污单位	0.1	0.3	0.3
24	有机磷农药(以P计)	一切排污单位	不得检出	0.5	0.5
25	粪大肠菌群数	医院*、兽医院及医疗机构含病原体污水	500 个/L	1000 个/L	5000 个/L
		传染病、结核病医院污水	100 个/L	500 个/L	1000 个/L
26	总余氯(采用氯化消毒的医院污水)	医院*、兽医院及医疗机构含病原体污水	<0.5**	>3(接触时间≥1h)	>2(接触时间≥1h)
		传染病、结核病医院污水	<0.5**	>6.5(接触时间≥1.5h)	>5(接触时间≥1.5h)

注：＊指50个床位以上的医院。

＊＊加氯消毒后进行脱氯处理，达到本标准。

4.2 水的物理、化学及物理化学处理方法

4.2.1 格栅和筛网

格栅是由一组平行的金属栅条制成的，各栅条之间间距较大，可用于拦阻大块物体通过。筛网由金属线材构成，其孔径较栅条缝隙小得多，可拦截更细小的悬浮物。在河水的取水工程中，格栅和筛网常设于取水口，用以拦截河水中的大块漂浮物和杂草。在污水处理厂，格栅和筛网常设于最前部的污水泵之前，以拦截大块漂浮物以及较小物体，以保护水泵及管道不受堵塞。

4.2.2 混凝和絮凝

水中的胶体颗粒和悬浮物表面常带有电荷。带有相同电荷的颗粒，会因静电排斥作用而难于相互碰撞聚结生成较大的颗粒。向水中投加药剂——混凝剂，混凝剂能在水中生成与胶体颗粒表面电荷相反的荷电物质，从而能中和胶体带的电荷，减小颗粒间的排斥力，

促使胶体及悬浮物聚结成易于下沉的大的絮凝体,这种水处理方法称为混凝。

将具有链状构造的高分子物质投入水中,高分子物质的链状分子能吸附于胶体和悬浮物颗粒表面,将两个以上的颗粒连接起来,构成一个更大的颗粒,当生成的絮体颗粒足够大时,便易于沉淀下来而从水中除去,这称为水的絮凝。能使水中胶体和悬浮物颗粒絮凝下来的药剂,称为絮凝剂。高分子絮凝剂也可带有能对胶体起电中和作用的电荷,这时絮凝过程中也有电中和的作用。

混凝和絮凝是在混合装置和絮凝反应池中完成的,如图4-2所示。

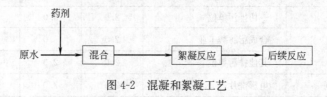

图4-2 混凝和絮凝工艺

药剂溶液投入水中后,经混合装置使水与药液充分混合,流入絮凝反应池进行絮凝反应。胶体颗粒表面电荷被中和后,在分子布朗运动的作用下迅速相互聚结成较大的颗粒,随着颗粒的增大,聚结速度迅速减慢。在絮凝反应池中将水搅动,利用水的紊动作用加快颗粒的聚结,以尽快生成易于下沉的大颗粒絮体。

在城市生活饮用水的处理中混凝和絮凝是去除地表水中浑浊物质最常用的处理方法。混凝和絮凝在工业废水处理中也应用甚广。

4.2.3 沉淀

水中的颗粒杂质大多数比水重,即其相对密度大于1,所以这些颗粒能在水中下沉而被除去。颗粒的下沉速度与颗粒的直径大小有关,颗粒愈大,下沉速度也愈快。上述混凝和絮凝,就是使细小的下沉很慢的颗粒聚结为下沉速度较快的粗大颗粒,以便从水中沉淀除去。

水中颗粒杂质的沉淀,是在专门的沉淀池中进行的,如图4-3所示。在沉淀池中,水流速度缓慢,以减少水流紊动对沉淀过程的干扰,使颗粒能更好地下沉。沉于池底的颗粒杂质应及时排出池外,以免堆积过厚影响颗粒沉淀。当沉于池底的杂质较少时常用平流式沉淀池,这种沉淀池形为长方形,水由一端流进,由另一端流出,水流流态较好,沉于池底的积泥用设于移动桁架的吸泥装置排出。当沉泥量较大时,常采用辐流式沉淀池,这

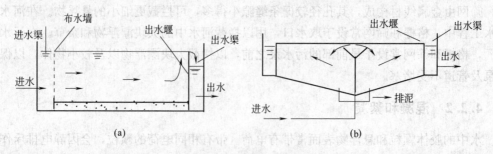

图4-3 沉淀池示意图
(a) 平流式沉淀池;(b) 辐流式沉淀池

种池形为一扁平的圆形水池，池底有向池中心倾斜的底坡，水由池中心流入，由池四周流出，沉于池底的积泥由旋转的刮泥桁架将泥刮至池中心，经池底排泥管排出。辐流式沉淀池具有优良的排泥性能，故常用于浑浊度很高的河水处理厂以及作为城市污水处理厂中的初次沉淀池和二次沉淀池。

增大水中颗粒物的浓度，可以加快混凝的速度，完善混凝的效果，提高絮体的沉速。将沉淀池中的沉泥回流，就是一种增大颗粒物浓度的方法，从而研发出一系列新型沉淀装置。

4.2.4 气浮

气浮法就是向水中通入空气，利用空气产生的微小气泡去除水中细小的悬浮物，使其随气泡一起上浮到水面而加以分离去除的一种水处理方法。

气浮分离是一个涉及气、液、固三相体系的问题，要实现气浮分离，首先必须使气泡吸附到颗粒上去。这一吸附能否实现的关键是水对该种颗粒的润湿性，即被水润湿的程度。水对各种颗粒润湿性可用它们与水的接触角来表示。在三相接触点上，由气液界面与固液界面构成的 θ 角，叫做接触角。接触角 $\theta<90°$ 的为亲水物质；$\theta>90°$ 的为疏水物质。这可由图 4-4 所示的接触角大小看出。一般是疏水性颗粒易被气泡吸附，亲水性颗粒难被气泡吸附。

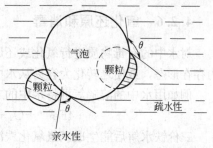

图 4-4 亲水性和疏水性物质的接触角 θ

在水中常含有既不能自然沉降又难于自然上浮的微细颗粒，如湖泊中的藻类、石油工业或燃气发生站废水中含有的乳化油、毛纺和食品工业废水中含有的羊毛脂和油脂、造纸和纤维工业废水中含有的细小纤维等，都可用该法进行处理。对混凝后产生的絮凝体因具有网状结构，气泡在上升过程中能被网捕在絮凝体内，依靠气泡的浮力，将其带到水面。气浮法已发展到去除水中溶解性污染物，但需在气浮前投加药剂，使其转化为不溶解的固体颗粒，这使得传统的气浮处理工艺已扩展到电镀、化工、有色金属、冶炼工业等含重金属和有机物废水的处理中。

4.2.5 粒状材料过滤

用细颗粒的材料（例如石英砂）构成滤层，当水通过滤层时，水中的悬浮物能被截留在滤层的滤料表面和缝隙中，从而使水得到澄清。水由上向下经滤层过滤，是应用最广的一种过滤方式，但在过滤时，滤层会逐渐被悬浮物堵塞而致过滤阻力过大，这时就需要对滤层进行清洗。用反冲洗的方法对滤层进行清洗非常有效，即用水自下而上流经滤层，当水的流速足够大时，滤层中的滤料开始悬浮于上升水流中，这时滤料相互碰撞摩擦，同时在水流剪切力作用下，使滤料表面的积泥脱落下来，随上升水流排出，从而使滤层得到清洗，恢复过滤功能。所以，这种过滤方式都是按过滤—反冲洗—过滤—反冲洗的次序周期性地进行操作的，如图 4-5 所示。

在城市生活饮用水处理工艺中，过滤常设于沉淀池之后，以截留混凝沉淀后水中的残留悬浮物，其中包括细菌、病菌、原生动物等病原生物，它能使水的浑浊度降至 1NTU

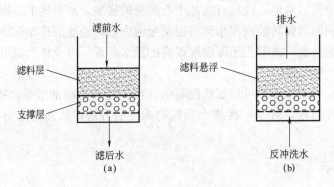

图 4-5　粒状材料过滤
(a) 过滤过程；(b) 反冲洗过程

以下，从而大大提高了水的卫生安全性。所以过滤是生活饮用水最重要的处理方法之一。此外，过滤也常用于工业用水、工业废水以及城市污水回用的处理工艺中。

4.2.6　氧化还原和消毒

对水中的有毒物质进行氧化或还原，使这些物质经过氧化或还原后转化为无害或无毒的存在形态，或使之转化为容易从水中分离去除的形态，称为氧化法或还原法。

例如用水中的溶解氧可将水中的二价铁氧化为三价铁：

$$4Fe^{2+}+O_2+2H_2O =\!=\!= 4Fe^{3+}+4OH^- \tag{4-1}$$

三价铁水解后能生成三氢氧化铁沉淀物，便可用沉淀、过滤的方法将之由水中分离除去，从而达到由水中除铁的目的。这就是去除地下水中过量铁质的原理。

电镀废水中常含有剧毒物质氰化物，用次氯酸钙可将其氧化去除：

$$4NaCN+5Ca(OCl)_2+2H_2O =\!=\!= 2N_2+2Ca(HCO_3)_2+3CaCl_2+4NaCl \tag{4-2}$$

含铬废水通常含有六价铬和三价铬，六价铬是剧毒物质，而三价铬的毒性较低。在酸性条件下，向废水中投加亚硫酸氢钠，将废水中的六价铬还原为三价铬，然后投加石灰或氢氧化钠，使之生成氢氧化铬沉淀物，将此沉淀物从废水中分离出来，便可达到处理的目的。其化学反应式如下：

$$2H_2Cr_2O_7+6NaHSO_3+3H_2SO_4 =\!=\!= 2Cr_2(SO_4)_3+3Na_2SO_4+8H_2O \tag{4-3}$$

$$Cr_2(SO_4)_3+3Ca(OH)_2 =\!=\!= 2Cr(OH)_3\downarrow +3CaSO_4 \tag{4-4}$$

天然水体和城市污水、工业废水中都含有大量病原微生物，消毒的目的就是将这些病原微生物杀灭。常用的消毒剂有氯、臭氧等。氯是强氧化剂，可以氧化杀死水中的病原微生物。有人认为，氯除了氧化作用外，氯的水解产物次氯酸分子能扩散渗入细菌体内，破坏菌体内的酶，使细菌死亡。氯消毒对细菌比较有效，对病毒和原生动物效果较差。臭氧是比氯更强的氧化剂，不但可迅速杀灭细菌，而且对灭活病毒及芽孢等效果也较好。不过，臭氧的消毒能力不能持久，在饮用水消毒中为防止水再次受到污染，有时尚需再投加少量的氯，以保证水在输配过程中含有一定的余氯。

4.2.7　曝气和吹脱

水的曝气，是使水与空气充分接触，使空气中的组分（例如氧）转移到水中，或使水中的溶解性气体散发到空气中。在含过量铁、锰的地下水中一般不含氧气，为了去除水中的二价铁、锰，常用曝气的方法使空气中的氧溶于水中，以溶解氧作为氧化剂来氧化地下水中的铁和锰。在污水的生物处理中，也常用曝气的方法使空气中的氧溶于水中，为微生物氧化和分解水中有机物提供氧气。

水或废水中常常含各种的溶解气体，例如二氧化碳、硫化氢以及氨等。如把空气通入水中使之与废水接触，溶解于水中的气体便从水中转移到空气中去，这又可称为吹脱过程。利用吹脱原理来处理废水的方法称为吹脱法。用吹脱法可有效地去除某些工业废水中的硫化氢等溶解性有毒气体。

4.2.8 中和

按照废水的 pH 高低，一般将 pH 小于 7 的废水称为酸性废水。在一些化工厂、化学纤维厂、金属酸洗车间等制造酸或使用酸的生产工艺过程中，都要不可避免地排放出一定浓度的酸性废水，既包括无机酸（如硫酸、盐酸和硝酸等）也包括有机酸（如醋酸等）。酸性废水具有较强的腐蚀性，因此将会引起管道的腐蚀，毁坏农作物，危害渔业生产，破坏生物处理系统的正常运行等等。pH 大于 7 的称为碱性废水，它的危害主要是造成设备结垢等。因此，对高浓度的酸、碱废水，排放前需用碱或酸对之进行中和，将 pH 调至允许排放范围。

用以中和酸性废水的碱性物质，主要有碱性药剂，如石灰、白云石等。用以中和碱性废水的酸性物质，主要有酸性药剂（如无机酸（硫酸、盐酸）），酸性废气（如含 CO_2 的烟道气）等。如同时存在酸性废水和碱性废水的情况下，可以相互中和，以节省药剂。

4.2.9 化学沉淀

化学沉淀法是指向水中投加化学药剂，使之与水中某种物质发生化学反应，形成难溶的固体沉淀物，然后进行固液分离，除去水中该种物质的方法。通常把投加的化学药剂称为沉淀剂。根据使用沉淀剂的不同，化学沉淀可分为氢氧化物法、硫化物法等。

除了碱金属和部分碱土金属外，其他金属的氢氧化物大都是难溶的。因此，可用氢氧化物沉淀法去除水中的金属离子。常用的沉淀剂有石灰、碳酸钠、苛性钠等。

例如，将石灰投入处理水中，与碳酸盐硬度产生下列反应：

$$Ca(HCO_3)_2 + Ca(OH)_2 \longrightarrow 2CaCO_3 \downarrow + 2H_2O \tag{4-5}$$

$$Mg(HCO_3)_2 + 2Ca(OH)_2 \longrightarrow Mg(OH)_2 \downarrow + 2CaCO_3 \downarrow + 2H_2O \tag{4-6}$$

从而可将钙、镁等硬度从水中除去，称为水的石灰软化法。

金属硫化物的溶解度比氢氧化物更小，可用在水中生成硫化物沉淀的方法将重金属从水中除去。常用的沉淀剂有硫化氢、硫化钠等。例如，向含汞废水中投加硫化钠，反应如下：

$$2HgCl + Na_2S =\!=\!= Hg_2S + 2NaCl =\!=\!= HgS \downarrow + Hg \downarrow + 2NaCl \tag{4-7}$$

$$HgCl_2 + Na_2S =\!=\!= HgS \downarrow + 2NaCl \tag{4-8}$$

Hg_2S 不稳定，易分解为 HgS 和 Hg。

4.2.10 电解

通常人们把电解质溶液在电流的作用下发生电化学反应的过程称为电解，与电源负极相连的电极称为阴极，与电源正极相连的电极称为阳极。

对水进行电解时，水中的有毒物质在阳极或阴极进行氧化还原反应，结果产生新物质。这些新物质在电解过程中或沉积于电极表面，或沉淀在槽中，或生成气体从水中逸出，从而降低废水中有毒物质的浓度，像这样利用电解的原理来处理水中有毒物质的方法称为电解法。电解法常用于去除废水中的铬、铜、镉、硫、氰以及有机磷等。例如，电解法在处理含铬废水的应用中，在电解槽中一般放置铁电极。在电解过程中，铁板阳极溶解产生亚铁离子，它是强还原剂，在酸性条件下可将六价铬还原成三价铬，反应如下

$$Fe-2e \longrightarrow Fe^{2+} \tag{4-9}$$

$$Cr_2O_7^{2-}+6Fe^{2+}+14H^+ \longrightarrow 2Cr^{3+}+6Fe^{3+}+7H_2O \tag{4-10}$$

$$CrO_4^{2-}+3Fe^{2+}+8H^+ \longrightarrow Cr^{3+}+3Fe^{3+}+4H_2O \tag{4-11}$$

在阴极上有氢气生成：

$$2H^++2e \longrightarrow H_2 \tag{4-12}$$

随着电解过程的进行，废水中氢离子浓度逐渐减少，碱性增强，便发生下述沉淀反应

$$Cr^{3+}+3OH^- \longrightarrow Cr(OH)_3 \tag{4-13}$$

$$Fe^{3+}+3OH^- \longrightarrow Fe(OH)_3 \tag{4-14}$$

将氢氧化铬（$Cr(OH)_3$）沉淀物由水中分离除去，从而达到除去水中铬的目的。

4.2.11　吸附

一种物质（吸附质）附着在另一种物质（吸附剂）表面上的过程称为吸附。使水（或废水）与固体吸附剂相接触，并使污染物吸附于吸附剂上，然后再将水（或废水）与吸附剂进行分离，最终可使污染物从水中被分离出去。吸附过程既可以发生在液—固之间，又可以发生在气—固或气—液之间。

活性炭是目前最常用的一种吸附剂，吸附剂的吸附容量与吸附剂的总表面积有关。活性炭内部有大量孔隙，其表面积可达 $1000m^2/g$ 以上，所以吸附容量很大。活性炭对水中的有机物具有很强的吸附能力，比如对酚、苯、石油及其产品、以及杀虫剂、洗涤剂、合成染料、胺类化合物等都具有较强的去除效果，其中有些有机物通常是生物法或其他氧化法难以去除的，但却非常容易地为活性炭所吸附。

一般说来，活性炭对有机物的吸附作用与有机物本身的溶解度、极性、分子量的大小等有关。就同系有机物而言，吸附量一般随分子量的增大而增加。活性炭对有机物的吸附速度与其在孔隙内的扩散速度也有一定关系。如果分子量过大，无疑会使吸附速度降低。用活性炭去除有机物时，对分子量在 1000 道尔顿以下的吸附质最有效。

活性炭对某些无机物，例如汞、铅、镍、六价铬、锑、铋、钴等都有较好的吸附能力。

当活性炭吸附饱和后，经过再生可使吸附能力得以恢复。活性炭再生通常有热再生、化学再生等方法。

活性炭吸附被广泛用于饮用水、工业用水、污（废）水的处理中。

4.2.12　离子交换

离子交换剂是一种不溶于水的固体颗粒状物质，它能够从电解质溶液中吸收某种阳离

子或阴离子，而把本身所含有的另一种相同电荷的离子等当量地释放到溶液中去，即与溶液中的离子进行等量的离子交换。按照所交换的离子种类，离子交换剂可分为阳离子交换剂和阴离子交换剂两大类。

若用 R 代表离子交换剂的固体骨架，其所含可离解基团同电解质溶液中的离子交换过程可用化学反应式表示。阳离子交换过程例如：

$$R—SO_3H+NaCl \Longrightarrow R—SO_3Na+HCl \tag{4-15}$$

$$R(—SO_3Na)_2+Ca(HCO_3)_2 \Longrightarrow R(—SO_3)_2Ca+2NaHCO_3 \tag{4-16}$$

阴离子交换过程例如：

$$R \equiv NHOH + HCl \Longrightarrow R \equiv NHCl + H_2O \tag{4-17}$$

$$R \equiv NOH + H_2SiO_3 \Longrightarrow R \equiv NHSiO_3 + H_2O \tag{4-18}$$

在上列各式中，式 (4-16) 的离子交换过程可用于水的软化。水中 $Ca(HCO_3)_2$ 离解为 Ca^{2+} 和 HCO_3^-，离子交换剂 $R(—SO_3Na)_2$ 吸收水中的 Ca^{2+}，释放出等当量的 Na^+，从而将水中硬度离子除去。式 (4-15) 和式 (4-17) 结合为纯水制作过程，先用阳离子交换剂 $R—SO_3H$ 吸收水中的阳离子 Na^+，释放出 H^+；再用阴离子交换剂 $R \equiv NHOH$ 吸收水中的阴离子 Cl^-，释放出 OH^-；H^+ 和 OH^- 作用生成水 H_2O；水中的盐 NaCl 离解后生成的 Na^+ 和 Cl^-，分别为阳离子交换剂和阴离子交换剂所吸收而由水中除去，从而获得纯水。离子交换法在工业废水中可用于去除或回收各种重金属，以及放射性废水的处理。

离子交换剂的交换容量耗尽后，便失去了离子交换能力，这时需对离子交换剂进行再生。离子交换过程是一个可逆反应，它受离子浓度的影响很大，利用离子交换剂的这一特征，就可对离子交换剂进行再生。例如，对式 (4-16) 反应，只需增大右侧的浓度，就可使反应向左进行。用浓食盐（NaCl）水对式 (4-16) 的阳离子交换剂进行再生的反应如下：

$$2NaCl+R(—SO_3)_2Ca \Longrightarrow R(—SO_3Na)_2+CaCl_2 \tag{4-19}$$

再生后的离子交换剂可以重新用作水的软化。

4.2.13 电渗析

电渗析是在直流电场作用下，利用阴、阳离子交换膜对水溶液中阴、阳离子的选择透过性质（即阳膜只允许阳离子通过，阴膜只允许阴离子通过），使溶液中的溶质与水分离的一种物理化学过程。

离子交换膜是一种由高分子材料制成的具有离子交换基团的薄膜。在膜的高分子键之间有一定数目的足够大的孔隙，以供离子的进出和通过。在膜的高分子链上，连接着一些可以发生解离的活性基团。凡在高分子键上连接酸性活性基团（如 $—SO_3H$）的膜称为阳膜；凡是在高分子链上连接碱性活性基团（如 $—N(CH_3)_2OH$）的膜称为阴膜。在水溶液中，膜上的活性基团就会发生解离作用，放出解离的离子，于是膜上就留下了带有一定电荷的固定基团。在阳膜上留下带负电荷的基团，构成了强烈的负电场，在外加直流电场的作用下，溶液中带正电荷的阳离子就可被它吸引、传递并通过微孔进入膜的另一侧，而带负电荷的阴离子则受到排斥。阴膜则与之相反。

电渗析装置通常是由多层膜结构系统组成的，即在两电极之间放置一系列交替排列的阴、阳膜，并用特殊隔板将这两种膜隔开形成许多隔室，组成浓淡的两个系统。其中离子减少的隔室称为淡水室，出水为淡水；离子增多的隔室为浓水室，出水为浓水；与极板接触的隔室称为极室，其出水为极水（图 4-6）。进入各水室的水或废水经电渗析作用后，完成了离子的分离过程，从各淡水室引出的水成为离子浓度低的处理水，而从浓水室引出的水则成为浓缩液。

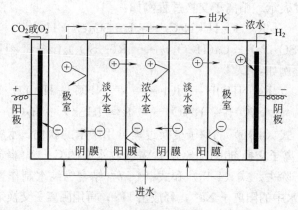

图 4-6　电渗析简图

电渗析法常用于水中脱盐，例如进行苦咸水的淡化，或作为制作纯水的前处理等。

4.2.14　反渗透和纳滤

如果把纯水和水溶液用半透膜隔开，半透膜只容许水透过而不容许溶质（例如盐）透过，这时就可以看到水透过膜流动的现象。若是纯水和溶液都处于同一压力下，则水将透过膜从纯水一侧流入溶液的另一侧，这种现象称为渗透。在不附加外力的情况下，渗透现象一直进行到溶液一侧的水面高出纯水一侧水面的高度产生的静水压力恰可抵消水由纯水向溶液流动的趋势，如图 4-7（a）、图 4-7（b）所示，当达到平衡时，溶液一侧的水压力 H 即为溶液与纯水之间的渗透压。显然，溶液中溶质的浓度愈高，渗透压也愈大。当半透膜两侧都是溶液，但溶质浓度不同，也会产生渗透现象。在溶液一侧外加的压力 P 若超过溶液的渗透压，就会产生一种相反的现象，使渗透改变方向，溶液一侧的水将透过膜而流向纯水一侧，这种现象称为反渗透，如图 4-7（d）所示。用于进行反渗透的半透膜，称为反渗透膜。

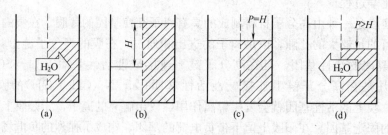

图 4-7　反渗透现象

反渗透可用于海水和苦咸水淡化，即使海水处于半透膜的一侧，通过反渗透作用在膜的另一侧得到淡水。海水的含盐量约为 35000mg/L，其渗透压约为 2.5MPa。向海水外加 5～7MPa 的压力，在膜的另一侧得到的淡水，盐的去除率可达 99.8%，淡水的含盐量小于 1000mg/L，可供饮用。苦咸水的含盐量多为数千 mg/L，反渗透所需外加压力显然要比海水低得多。反渗透在工业废水处理中也可用于有用物质的浓缩回收。

反渗透膜的孔径极小，只允许水分子通过，而比水分子尺寸大的离子则无法通过，从而能将水中 99％以上的无机物及几乎全部有机物截留除去。孔径尺寸比反渗透膜稍大，即孔径为纳米级（nm）的膜，称为纳米膜。纳米膜因孔隙尺寸不同除盐率可在 30％～90％之间变化。纳米膜虽然除盐率比反渗透膜有所下降，而所需压力也比反渗透膜大大降低，一般为 1～2MPa，所以有人也称其为低压反渗透。纳米膜能比较有效地去除水中的有机物，因为有机物的分子量及尺寸远比无机离子大，能被纳米膜有效地截留除去，所以纳米膜可用于饮用水除有机污染物的处理工艺中。纳米膜在其他水处理领域中的应用也愈来愈多。

4.2.15　超滤和微滤

当膜的孔隙尺寸增大到 10～200nm，称为超滤膜。水经膜过滤时，水中的无机盐离子已不能被截留去除，如淀粉、树胶、蛋白质等小分子有机物也难于被截留，所以超滤膜只能截留水中的大分子有机物、胶体颗粒，以及病毒、细菌等。为使超滤具有较高的产水量，也需对过滤的水施加一定压力，一般压力为 0.1～0.7MPa。超滤的机理已主要是机械截留作用，即超滤膜主要依靠膜孔的筛滤作用，去除尺寸大于膜孔的物质。

当膜的孔径增大到 0.2μm 以上时，称为微滤膜。水经微滤膜过滤时，微滤膜通过筛滤作用，可去除尺寸大于膜孔的颗粒物，所以尺寸小于膜孔的无机盐和有机物都难于被截留，细菌也只能被部分地截留，所以微滤膜主要能去除颗粒尺寸比膜孔更大的黏土、悬浮物、藻类、原生生物等。

4.3　水的生物处理方法

水的生物处理是利用微生物具有氧化分解有机物的这一功能，采取一定的人工措施，创造有利于微生物生长、繁殖的环境，使其大量增殖以提高氧化分解有机物效率的一种污水处理方法。在自然界存在着大量依靠有机物生活的微生物，它们不但能氧化分解一般的有机物，而且能氧化分解有毒的有机物（如酚、醛、腈等）和构成微生物营养元素的无机毒物（如氰化物、硫化物等）。根据生物处理过程中微生物对氧的需求情况，生物处理一般分为好氧生物处理和厌氧生物处理。好氧生物处理是指在有氧条件下进行生物处理，污染物最终被氧化分解为 CO_2 和 H_2O。好氧生物处理方法主要有活性污泥法和生物膜法，此外氧化塘也基本属于此类。厌氧生物处理则是在无氧的环境下，污染物最终被分解为 CH_4、CO_2、H_2S、N_2、H_2 和 H_2O 以及有机酸和醇等。生物处理法因具有高效、经济等优点，在城市污水和工业废水处理中得到广泛的应用。

4.3.1　水的好氧生物处理方法

1. 活性污泥法

活性污泥法至今一直占据着污水生物处理的主要地位。活性污泥法是以活性污泥为主体的一种污水好氧生物处理方法。活性污泥是一种絮状的泥粒，主要是由大量繁殖的微生物群体构成，还含有一些分解中的有机物和无机物。活性污泥具有很大的表面积，具有很强的吸附和氧化分解有机物的能力。活性污泥法的基本流程如图 4-8 所示。

图 4-8　活性污泥法基本流程
1—初次沉淀池；2—曝气池；3—二次沉淀池；4—再生池

活性污泥法的主要构筑物是曝气池和二次沉淀池。需要处理的污水和回流活性污泥一起进入曝气池成为悬浮混合液。向曝气池内通入空气，通入的空气一方面使污水和活性污泥充分混合，更主要的是保证混合液中有足够的溶解氧，使污水中的有机物被活性污泥中的好氧微生物分解。污水不断流入曝气池，混合液也不断从曝气池排出流入二沉池，在这里活性污泥和水分离后，部分活性污泥再回流到曝气池。在污水处理过程中活性污泥不断增多，为了维持稳定平衡，部分活性污泥（剩余污泥）要从系统中排出。在活性污泥法中也常采用初次沉淀池，以降低曝气池进水中的有机负荷，从而降低成本。

活性污泥法中起主要作用的活性污泥，是由具有活性的微生物、微生物自身氧化的残留物、吸附在活性污泥上不能被微生物降解的有机物和无机物组成。活性污泥的微生物又是由细菌、真菌、原生动物等多种微生物群落组成的。在大多数情况下，主要微生物类群是细菌，特别是异养型细菌占优势。生物处理中微生物对有机物转换率之高是任何天然水体生态系统不可比拟的，因此了解和掌握生物处理过程中微生物种群及其活动规律，对于提高污水处理效率和开发新的处理工艺是很重要的。各类微生物的种类和数量与污水水质及其处理工艺等密切相关，在特定条件下将形成与之相适应的微生物群落。

活性污泥中存在大量的原生动物和少数多细胞后生动物，它们也是活性污泥的重要组成部分。因原生动物个体比细菌大，生态特点也容易在显微镜下观察，本身对环境改变较为敏感，所以国内外都把原生动物当作污水处理的指示性生物，利用原生动物种群、数量和活性等变化，了解污水处理效果及运转是否正常。

活性污泥净化污水主要经历吸附、氧化和絮凝沉淀三个阶段来完成。在吸附阶段，曝气池内的活性污泥由于具有很大的表面积（$2000 \sim 10000 m^2 / m^3$ 混合液）及表面具有多糖类的黏质层，因此当污水中悬浮的和胶体的物质与活性污泥接触后就很快被吸附上去，使污水得到净化。

氧化阶段是在有氧的条件下发生在生物体内的一种生物化学的代谢过程。被活性污泥吸附的大分子有机物质，在微生物胞外酶的作用下，水解成可溶性有机小分子物质，透过细胞膜进入微生物细胞内，作为微生物的营养物质，经过一系列的生化反应，最终被氧化为 CO_2 和 H_2O 等，并释放出能量；与此同时，微生物利用氧化过程中产生的一些中间产物和呼吸作用释放的能量合成细胞物质。在此阶段中微生物不断繁殖，有机物也就不断地被氧化分解。图 4-9 为微生物代谢过程图。

从污水处理的角度来看，无论是氧化分解有机物还是合成新的细胞物质，都能从污水中去除有机物。当溶解氧充足时，活性污泥的增长和有机物的去除速率是同步的，即活性

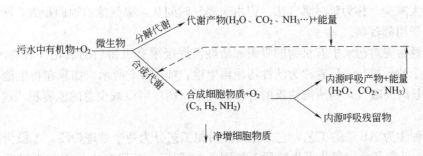

图 4-9 微生物代谢过程

污泥增长的旺盛时期也是有机物去除速率最高的时期。活性污泥的增长规律受到有机物与微生物比值的影响。因比值不同，活性污泥的增长分为对数增长期、减速增长期和内源呼吸期三个阶段。比值高，表示有机物充足，微生物的增长不受限制，活性污泥以对数规律增长，这时有机物以最大速率被去除。随着有机物被去除和微生物数量的增长，两者的比值便不断降低，当营养物质成为微生物进一步增长的限制因素时，活性污泥便进入减速增长期。当比值达到最小并维持一常数时，污泥进入内源呼吸期。该阶段虽然细胞的生长没有停止，但同时还存在着细胞的分解，当细胞生长率被细胞分解率超过，污泥量便开始减少。

凝聚沉淀是污水经过氧化阶段，其中的有机物一部分被氧化分解为二氧化碳和水，另一部分则合成新的细胞物质成为菌体，许多菌种在一定条件下都能形成易于沉淀的絮凝体；将絮凝体沉淀下来而与水分离，就可达到由水中去除有机物的目的。

传统的活性污泥法，曝气池采用推流式，即池形为长方廊道形，池子常由1~4折流廊道组成，污水由廊道始端流入，由廊道末端流出。空气沿廊道均匀送入，为微生物分解有机物提供氧气。

污水中含有大量有机物，为分解有机物需要大量氧气。为使空气中的氧能更多地溶解于水中，开发出多种高效曝气装置，如鼓风曝气、机械曝气等。鼓风曝气，就是用鼓风机将空气压缩，经管道通入水中，经专门的扩散装置将空气以气泡形式散布于水中。活性污泥法就采用鼓风曝气方式。机械曝气就是用叶轮或转刷，在水表面将空气吸入水中。为进行曝气，需要耗费大量能量。

在污水生物处理技术发展过程中，提高处理效果，提高空气中氧的利用率，降低能耗，一直是工程界追求的目标。所以在传统活性污泥法的基础上，不断提出了各种改进的处理方法。

传统活性污泥法的曝气池前段有机物浓度高，后段有机物浓度低，但采用了沿水流均匀曝气供氧的方法，结果造成前段供氧不足，而后段则供氧有余。如果使曝气量沿水流递减，使供氧量与活性污泥的需氧量相适应，就能提高氧的利用率，这就是渐减曝气法。

如仍保持曝气量沿池长方向均匀分配，而使污水沿池长方向分段流入使有机物沿池长方向比较均匀地分配，结果活性污泥便可以始终处于营养比较均一的条件下分解有机物，这就是阶段曝气法。

活性污泥法最大的不足就是剩余污泥量过多。如果对曝气池内的活性污泥进行长时间曝气，使其长期处于营养不足（内源呼吸）的状态，促使微生物自身分解，从而可使剩余污泥量大大减少，称为延时曝气法。但由于曝气时间长，曝气池占地面积大，所以该法基建和动力费用都较高。

将活性污泥对污水中有机物的吸附和活性污泥吸附有机物后的氧化（活性污泥再生）分别在两个池子进行，后者称为活性污泥再生池，如图4-8所示。如只在再生池中对回流污泥进行长时间曝气，则所需构筑的容积便较小，所以可以减少总的池容积，这可称为吸附再生法。

有一种称为 AB 法的工艺，它是将活性污泥工艺分为两个处理阶段，A 段为高负荷阶段，B 段为低负荷生物氧化再生阶段，如图4-10所示，两段各生长着与本段适应的微生物群体，这种工艺的特点是 A 段负荷高，对水质水量变化的抗冲击能力强等。

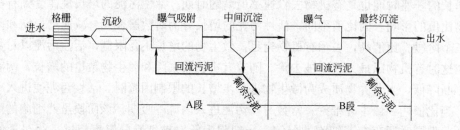

图 4-10 AB 法工艺流程

还有一种称为序批间歇式活性污泥法（SBR）的工艺，处理过程都是在一个池内进行的，基本运行模式如图4-11所示，其操作由进水、反应、沉淀、出水和待机五个部分组成。从污水流入开始到待机结束算作一个周期。一个周期内，一切过程都在一个设有曝气或搅拌装置的反应池内依次进行。传统的活性污泥法是在空间上设置不同设施进行固定连续操作，而 SBR 法是在一个反应池内在时间上进行各种目的不同操作，所以两者去除有机物的基本原理是相同的。SBR 法在时间上的这种灵活控制，易于实现各种不同的环境，为实现不同处理目标提供了极有利的条件。

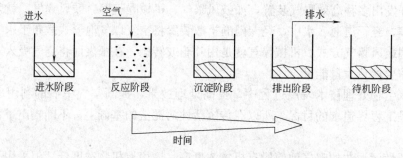

图 4-11 SBR 工艺的基本运转模式

完全混合曝气法是另一种目前采用较多的活性污泥法。图4-12是完全混合曝气沉淀池示意图，它由曝气区、导流区、沉淀区和回流区组成。在曝气区，由于曝气叶轮的充氧、搅拌和提升作用，使污水与回流污泥充分混合，混合液经回流窗口进入导流区向下缓慢流动，污泥颗粒开始凝聚进入沉淀区，液流保持缓慢而稳定的上升流速，达到泥水分离，出水经上部溢流堰汇集流出池外，污泥下沉到回流区，并经回流缝循环至曝气区。

2. 生物膜法

生物膜法是使微生物在滤料或某些载体上生长繁殖，形成膜状生物性污泥——生物膜，在与水接触时，生物膜上的微生物摄取水中的有机物作为营养物质，从而使水得到净化。

流动的水长期与滤料或载体相接触时，只要营养物质和氧供给充足，微生物就会在滤料等表面上增殖形成以好氧微生物为主体的生物层，随着微生物不断增殖，生物膜不断增厚，当增厚至一定程度时，空气中的氧就不能透入到好氧层的深部（靠近载体的生物膜），于是在此就形成了厌氧层，所以生物膜是由好氧和厌氧两层构成的。生物膜是微生物高度密集的物质，在膜的表面和内部生长着各种类型的微生物。同时生物膜又是一种高度亲水的物质，所以在水流时，膜的外侧总有一层附着水层。生物膜构造剖面示意图如图 4-13 所示。

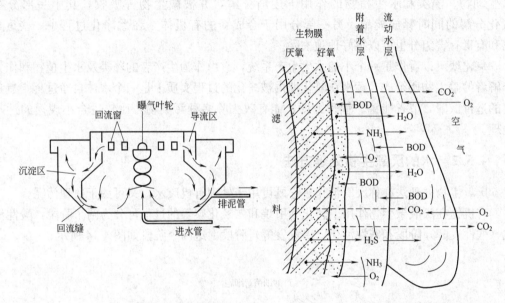

图 4-12　完全混合曝气沉淀池示意图　　　图 4-13　生物膜构造剖面示意图

由图可见，空气中的氧溶解于流动水层中，通过附着水层进入生物膜供微生物呼吸；水中的有机物，由流动水层经附着水层进入生物膜，通过微生物的代谢而被氧化分解，使流动水层在其不断流动过程中得到净化；微生物代谢产生的气体，如好氧层产生的 CO_2、厌氧层产生的 H_2S、NH_3 和 CH_4 等从水中逸出进入空气；其他代谢产物则通过附着水层进入流动水层并随其排出。应当指出，有机物的降解主要在好氧层内进行，其厚度一般约为 2mm。当厌氧层还不够厚时，能与好氧层形成一种稳定平衡关系，使好氧层能保持很好的净化功能。但随着厌氧层逐渐加厚，其代谢产物也会逐渐增多，它们在通过好氧层向外逸出时，就破坏了好氧层生态系统的稳定性，此时生物膜已老化，再加上气态产物的不断逸出，减弱了生物膜在滤料上的固着力，促使了生物膜脱落。老化的生物膜脱落后，随水流排出，所以在生物膜法中要设二沉池。当然，老化的生物膜脱落后又会长出新的生物膜，重复这一过程。

生物膜法有多种，如生物滤池、生物转盘、生物接触氧化法等。生物滤池以碎石、焦炭等粒状材料作滤料，污水由上向下淋洒，流经滤料层时便被滤料表面的生物膜净化。生物转盘的生物膜载体为直立设置的许多圆形盘片，盘片一半没入水中，一半露出水面。盘片以较慢的速度旋转，盘片上的生物膜交替地与污水和空气相接触，从而使污水得到净化。生物接触氧化法是在池内装有滤料，整个滤料全部浸没在水中，水以一定速度流经滤层，同时向滤层底部通入空气进行曝气，从而使水被滤料表面的生物膜所净化。生物接触氧化法不仅可用于处理有机物浓度高的污水、废水，也可用于处理有机物浓度较低的受污染的水源水。

3. 氧化塘

氧化塘是一个面积比较大的池塘。污水进入池塘后，首先被塘内的水所稀释，降低了污水中污染物的浓度；污染物中部分悬浮物逐渐沉积到水底形成污泥，这也使污水中污染物浓度降低。同时，污水中溶解和胶体状有机物在塘内大量繁殖的菌类、水生动物、藻类和水生植物的作用下逐渐分解，并被微生物等吸收，其中一部分在氧化分解的同时释放能量，另一部分用于合成新的有机体。在此净化过程中一些重金属和有毒有害组分也可以很好地被去除。

氧化塘可以看作是一个小的水生生态系统，它由作为生产者的藻类及水生植物和作为分解者的微生物所组成。污水在氧化塘内被净化的过程实质上是一个水体自净过程。氧化塘的造价低廉，节省能源、管理方便，能有效去除多种污染物，比较适合小规模的污水处理。

4.3.2　水的厌氧生物处理方法

厌氧生物处理法亦称厌氧消化，它既可用于处理有机废水，又可用于处理污泥。

有机物在厌氧微生物作用下转化为甲烷和二氧化碳等的过程可分为两个阶段：酸性消化（酸性发酵）阶段和碱性消化（甲烷发酵）阶段。这两个阶段如图 4-14 所示。

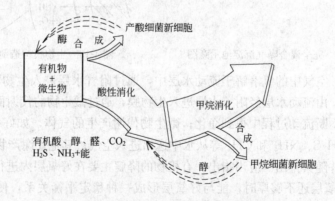

图 4-14　两阶段厌氧消化示意图

酸性消化阶段亦称产酸阶段。在该阶段中起作用的是产酸菌（兼性厌氧菌）。首先产酸菌中的发酵细菌将各种复杂的有机物——碳水化合物、蛋白质、脂肪等分别地水解成单糖、肽和氨基酸、丙三醇和脂肪酸等，并通过发酵将水解产物转化为 H_2、CO_2、NH_3 和挥发性有机酸、乙醇等；然后，产氢产乙酸菌再将丙酸、丁酸、乙醇等转化成 H_2、CO_2 和乙酸。

　　碱性消化阶段亦称产甲烷阶段。该阶段是在产甲烷菌（专性厌氧菌）的作用下，把酸性消化阶段的代谢产物进一步分解成 CH_4、CO_2 以及少量的 NH_3 和 H_2S 等。

　　厌氧消化过程虽然可分为酸性消化和碱性消化两个阶段，但在连续厌氧消化过程中，两者是同时进行的，产酸菌和产甲烷菌相互依赖，互为对方创造良好的环境和条件，构成互生关系。同时，双方又互为制约，在厌氧消化系统中处于平衡状态。

　　不同的厌氧菌有最适宜的生存温度，它们可分为低温菌、中温菌和高温菌三类。表4-6 给出各类菌的温度范围。据此，厌氧生物处理一般也分为三种：常温、中温、高温，见表 4-8。

各类厌氧菌的温度范围 表 4-8

细菌	生长温度范围（℃）	最适宜温度（℃）
低温菌	10～30	<20
中温菌	30～40	35～38
高温菌	50～60	51～53

　　因中温菌特别是产甲烷菌，种类多、活性高又容易培养驯化，所以厌氧处理工艺多采用中温消化。但高温消化有利于高温工业废水的处理，同时对病菌灭活、纤维素的分解也是有利的。

　　厌氧生物处理的能耗低，产生的污泥少，设备价格便宜，但与好氧生物处理相比，厌氧微生物代谢水平较低，水力停留时间长，并且处理出水水质较差，启动周期长，操作也较复杂，曾逐渐被好氧生物处理取代。20 世纪中叶，由于工业的快速发展，环境污染趋于严重，同时面临能源危机，高浓度有机废水的好氧生物处理的高能耗是一个难以逾越的技术难题，这时低能耗的厌氧生物处理技术重新受到人们的重视。特别是 20 世纪 70 年代以来，开发出新的厌氧处理工艺和装置，使处理效率大大提高。这时，厌氧生物处理技术主要沿着两个方面发展，一个是最大限度地提高装置中的生物量，使其比好氧生物装置中的高数倍甚至数十倍，从而使处理效率接近或达到好氧生物处理的效率，一个是利用厌氧微生物的特点，采取相分离技术，开发出两相厌氧生物处理装置，发挥不同厌氧菌群各自的特点，充分发挥其作用，从而使转化效率提高。厌氧生物处理现已成为高浓度有机废水处理的首选技术。随着人们对厌氧微生物的生理、生态特性的研究不断深入，并不断推出新型厌氧生物处理装置，厌氧生物处理的应用也开始向含中、低浓度有机物的废水处理扩展，不断开拓出新的应用领域。

4.4　水及污、废水的处理工艺及水处理技术的发展

4.4.1　水处理工艺

　　天然水体的水质，常常不能满足用户对水质的要求；同样地，城市污水和工业废水的水质，也常常不能满足向受纳水体排入的水质标准的要求。在这种情况下，就需要对水或污、废水进行处理。对照水质及水质标准的要求，就会看到该种水有若干项水质指标不符水质标准的要求，水处理的目的就是使不符水质标准的项目达到要求。

每一项水质指标一般都有一种或几种处理方法可供选择。但是，有时一项水质指标只有采用若干种处理方法的组合才能达到水质标准的要求，这种组合称为处理工艺。在具体情况下，如果有几种水质项目需要处理，就需要采用多种处理方法进行组合，从而形成相应的处理工艺。水处理工艺，因要求处理的水质项目不同，待处理水的水质不同，对处理后水质的要求不同，以及选用的处理方法不同，会有所不同。影响水处理工艺方案选择的因素，不仅有技术上的，还有经济上的。水处理工艺方案的选择，在技术上应是可行的，在经济上应是合理的，在运行管理上应是方便易行的。

4.4.2　城市饮用水处理工艺

社会需求是技术发展的强大动力。

20 世纪以前，城市居民由于饮水不洁，常爆发水介烈性传染病的流行，夺去了大批人的生命。这些水介烈性传染病，主要有霍乱、痢疾、伤寒等，对城市居民的生命和健康构成重大威胁。这是人类面临的一个重大饮水生物安全性问题。在这个背景下，于 19 世纪末，20 世纪初研发出了混凝—沉淀—过滤—氯消毒水处理工艺，如图 4-15（实线部分）所示。

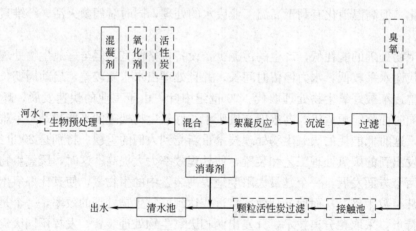

图 4-15　以河水为水源的城市自来水厂水处理工艺示意图

河水在取水口先经格栅和筛网除去粗大漂浮物，再向水中投加混凝剂，在混合装置中水与药液混合，在絮凝池中进行絮凝反应，使水中细小的胶体及悬浮物聚结成易于下沉的粗大絮体，这就是混凝。混凝后的水在沉淀池中进行沉淀，使水的浑浊度降至 2～5NTU。沉淀后的水再流经滤池过滤，滤后水的浑浊度便可降至 1NTU 以下（在国家标准 GB 5749—2006 中，要求龙头出水浑浊度降至 1NTU 以下）。为杀灭水中的病原微生物，可向滤后水中投氯进行消毒。氯投入水中后进入清水池，在池中停留至少 30min，以保证消毒效果。消毒后的水的细菌学指标可符合水质标准要求。

上述水处理工艺是针对去除水中混浊物质和细菌而研发的，在控制城市水介烈性传染病的流行方面取得了成功，可以称为第一代城市饮用水处理工艺。

20 世纪中叶，发现了城市水介病毒性传染病（如甲型肝炎，小儿脊椎灰质炎等）的流行，这是人类社会面临的又一个重大饮水生物安全性问题。研究表明，病毒在水中不是游离存在的，而是附着在颗粒物上，即水中病毒浓度与浊度有关，只要第一代工艺将水的浊度降至 0.5NTU 以下，再经氯消毒，就可以控制病毒性传染病的流行，从而使"浊度"受到人们极大关注。"浊度"从此不再仅仅是一项感官性水质指标，而是和水的生物安全性紧紧地联系在一起。在美国，已将浊度列为微生物学的水质指标之一。由于要求获得尽可能低的浊度，从而对第一代工艺提出了更高的要求，这大大推动了第一代工艺技术的发展。例如研发新一代无机高分子混凝剂，有机高分子絮凝剂助凝助滤，优化混合和絮凝过程，采用效率更高的斜板（管）沉淀装置，降低滤池滤速，采用气水反冲洗方式冲洗滤池，以提高过滤除浊效率等，从而显著地降低了出水浊度，提高了水的生物安全性。

20 世纪 70 年代，由于水环境污染加剧，以及分析检测技术的进步，在城市饮用水中发现了种类众多的有毒有害有机污染物（如致癌、致畸、致突变物质等）和氯化消毒剂副产物，而第一代工艺又不能对其有效地去除和控制。在这个背景下研发出了第二代城市饮用水处理工艺，如图 4-15（实线部分加虚线部分）所示，即在第一代工艺后面增加臭氧—颗粒活性炭处理工艺。第二代工艺主要是通过强化混凝和臭氧—活性炭两级屏障，使水中作为氯化副产物前质的天然有机物和有机污染物得到有效去除，从而大大提高了饮用水的化学安全性。由于第二代工艺与第一化工艺相比能更多更有效地去除水中的有机物，所以又被称为饮用水的深度处理工艺。

20 世纪后期，又发现了许多新的水质问题，特别是许多重大生物安全性问题，如贾第鞭毛虫和隐孢子虫问题，藻类污染加剧及臭味、藻毒素问题，水的生物稳定性问题，第二代工艺颗粒活性炭滤池出水微生物和水生物增多问题等。近年来发现，微生物指标合格的出厂水，在输送和贮存过程中有微生物增殖现象，这样的水被认为是不具有生物稳定性的水。微生物指标合格的安全的饮用水，仍然含有许多微生物，其中有的是条件致病菌，还有尚未发现的致病因子，所以水的生物安全性只是相对的。水中的微生物愈多，水的生物安全性便愈低。对于生物不稳定的水，水中微生物不断增多，表明水的生物安全性在不断降低，这是新出现的又一个重大生物安全性问题。第一代和第二代工艺，不能有效地解决这些新出现的重大生物安全性问题，所以有待于研究出更安全的第三代城市饮用水处理工艺。

水中的致病微生物一般难于被化学方法完全杀灭除去，但却有可能被膜法充分除去。如采用的超滤膜的孔径为 20nm，可比最小的微生物——病毒还小，超滤可以将水中的微生物几乎完全除去，是最有效的去除水中微生物的方法，将使水由相对的生物安全性向绝对生物安全性大大前进了一步，这必将引起处理工艺的重大变革。但超滤对于水中的溶解性污染物，如氨氮、中小分子有机污染物的去除效果不佳，所以将超滤用于处理受污染的水源水时，需进行膜前预处理。由于超滤已能将水中微生物几乎全部去除，经超滤膜过滤的水的微生物指标已能达到标准要求，所以对膜后出水不需再进行消毒，为防止水中二次污染，只需投加少量消毒剂以保持持续消毒能力。以受污染的地表水为水源的第三代城市饮用水处理工艺，将是以超滤为核心技术的组合工艺，如图 4-16 所示。

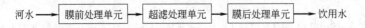

图 4-16　以受污染河水为水源的第三代城市饮用水处理工艺

水中的有机物多种多样，有的难于被氯、二氧化氯、高锰酸钾、臭氧、过氧化氢等强氧剂氧化。目前正在开发的高级氧化技术，如光催化氧化技术，二氧化钛催化氧化技术等，能提高氧化剂的氧化能力，特别是能产生比上述氧化剂更强的中间产物——自由基。高级氧化技术在饮用水处理工艺中的应用，将使第三代城市饮用水处理工艺更趋完善。

4.4.3　地下水除铁工艺

城市或工业企业以含铁井水为水源时，对照相关水质标准，一般水的含铁量及细菌学指标不符合标准要求。井水中的铁为溶解性二价铁，一般为数 mg/L（以 Fe 计）。为将其除去，可将之氧化为三价铁，三价铁在水中的溶解度很小，会由水中析出，再用过滤的方法将其除去，即可达到除铁目的。在我国常采用以下的除铁处理工艺：

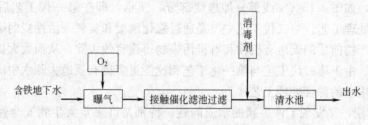

图 4-17　地下水除铁工艺示意图

含铁井水中一般不含氧。在此采用曝气法，可使空气中的氧溶于水中，作为氧化二价铁的氧化剂。曝气后的含铁水流经接触催化滤池，水中的二价铁在滤料表面催化剂的作用下被溶解氧氧化为三价铁，并沉淀析出附着于滤料表面，滤后水的含铁量便可降至水质标准要求。向滤后水投加氯进行消毒，便可使水的细菌学指标也符合标准。

4.4.4　低压锅炉补给水的处理工艺

工业企业常以城市自来水作为锅炉用水的补给水。对于低压锅炉，城市自来水中的硬度、含盐量和溶解氧一般过高，需进行专门的处理。用图 4-18 的方法组合，可以满足处理低压锅炉补给水的要求：

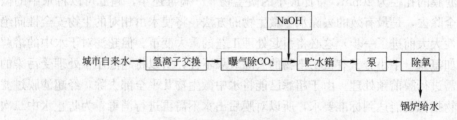

图 4-18　低压锅炉补给水处理工艺示意图

用氢离子交换法可将水中的 Ca^{2+}、Mg^{2+} 等主要硬度离子去除。对于碳酸盐硬度，反应式为：

$$R(—SO_3H)_2 + Ca(HCO_3)_2 \Longrightarrow R(—SO_3)Ca + 2CO_2 \uparrow + 2H_2O \qquad (4-20)$$

对于非碳酸盐硬度：

$$R(—SO_3H)_2 + CaSO_4 \Longrightarrow R(—SO_3)Ca + H_2SO_4 \qquad (4-21)$$

　　由上式可见，碳酸盐硬度经氢离子交换后，硬度被去除，由碳酸盐硬度构成的含盐量也被除去，反应生成 CO_2，由后续的曝气装置去除。非碳酸硬度经氢离子交换后，将生成等当量的酸，在后续处理中向水中投碱剂以中和水中的酸，处理后的水在贮水箱中待用。最后，将水加热，以去除水中的溶解氧，补给锅炉使用。

　　锅炉的压力愈高，热负荷和热效率愈高，锅炉的运行便愈经济，所以现代大型锅炉都采用高温高压的工作方式。高温高压锅炉对锅炉补给水水质的要求相应大大提高，一般都要求供给高质量的纯水，为此需要采用高效能的离子交换、吸附及反渗透等高新技术的组合，从而推动了锅炉水处理工艺的发展。

4.4.5　城市污水处理工艺

　　城市污水的水质，具有生活污水的特征，但受到工业废水的影响，所以各地会有一些差别。一般城市污水的悬浮物浓度为 $100\sim350mg/L$，生化需氧量（BOD_5）为 $100\sim400mg/L$，化学需氧量（COD_{cr}）$250\sim1000mg/L$，总有机碳量（TOC）$80\sim290mg/L$，等等。将城市污水处理后排放至受纳水体，按照水体的使用功能，要求采用相应的排放标准，例如将城市污水处理后排放到地表水Ⅲ类水域，对排入的污水执行一级标准，参见表 4-5。由表可见，城市污水中有机物浓度大大超过标准，需进行处理。此外，污水的悬浮物等也超标，也应在处理过程中去除。图 4-19 是常用的城市污水处理工艺：

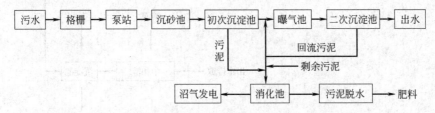

图 4-19　某污水处理厂污水污泥处理工艺示意图

　　城市污水中常含有大块漂浮物体，所以首先用格栅将漂浮物体去除。沉砂池将水中的粗砂除去，以免堵塞后续处理构筑物。初次沉淀池可去除部分悬浮物和有机物，可减轻后续生物处理的负担。在处理水量较大的污水厂，多采用活性污泥法。经活性污泥法生物处理后的水，流入二次沉淀池沉淀后，上清液的有机物浓度已符合排放标准，可排入受纳水体。在二次沉淀池沉下来的活性污泥，部分回流到活性污泥法的曝气池前，剩余污泥和初沉污泥进入消化池进行厌氧消化。消化产生的沼气可以发电。消化的污泥脱水后可作为肥料利用，或被填埋，或被焚烧。在城市污水处理中，习惯上常把从格栅到初次沉淀称为一级处理，把从生物处理到二次沉淀称为二级处理。为回用城市污水，在二级处理后进一步进行的深度处理，称为三级处理。

　　城市污水处理厂排放到天然水体的出水，还含有浓度比较高的氮化合物和磷，氮和磷是营养物质，会使天然水体富营养化，滋生大量藻类，使水体水质恶化，并对水体生态产生严重影响。为去除水中氮化合物和磷，已开发出多种生物脱氮除磷工艺。

　　将膜技术与生物技术相结合，开发出新型膜－生物反应器，大大提高了生物处理的效率。

4.4.6　含氰废水处理工艺

含氰废水多来源于电镀车间和某些化工厂，废水中含有氰基（—C≡N）的氰化物。低浓度含氰废水可用碱性氯化法处理，即在碱性条件下采用氯系氧化剂将氰化物氧化。用次氯酸钠可将氰化物氧化为毒性较低的氰酸盐，称为局部氧化工艺，反应如下：

$$CN^- + ClO^- + H_2O = CNCl + 2OH^-$$
$$CNCl + 2OH^- = CNO^- + Cl^- + H_2O$$

含氰废水用泵从调节池经两个串联管式静态混合器送入反应池。在第一个混合器前投加碱液，其投量由 pH 计自动控制，使废水的 pH 控制在 10～12 之间。在第二个混合器前投加次氯酸钠溶液，投加量由 ORP 计自动控制，一般控制 ORP 值为＋300mV。废水在反应池停留一定时间反应后进入沉淀池并投加高分子絮凝剂，加速重金属氢氧化物的沉淀。沉淀池间歇排泥。沉淀池出水 pH 很高，需经中和池将 pH 调至 6.5～8.5 后再排放或利用，如图 4-20 所示。pH 由 pH 计自动控制。

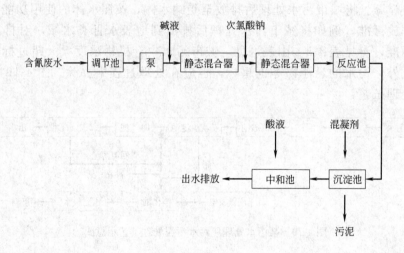

图 4-20　一级连续氧化处理含氰废水流程图

上面仅举出水处理技术发展的几个方面，当然还有其他的水处理方法和水处理新工艺。

生物技术是当代发展最迅速的一个领域。在水的生物处理方面，已培养出多种工程菌，能针对性地氧化分解某些难降解的和有毒的有机物。基因工程的发展，将为培养出新的能高效降解各种有机物的微生物提供了无限的可能性。

随着进入高新技术时代，水质检测技术也发展很快。水中许多原来检测不出来的杂质，能更多地被检测出来，并且检测精度愈来愈高，使得人们对水中杂质也了解得愈来愈全面、愈来愈深入，为研究开发新的水处理方法和新的水处理工艺，提供了有效的手段。现代传感器技术的发展，已使许多水质指标的在线连续检测得以实现，从而为实时了解原水以及水处理过程中各阶段的水质情况成为可能，使水处理过程的精确控制成为可能，从而可以大大提高处理水的水质。

第5章 建筑给水排水工程

5.1 概 述

"建筑给水排水工程"是20世纪80年代初由"室内给水排水工程"发展起来的，20世纪70年代的室内给水排水工程主要是指民用及工业建筑物内的给水、排水、消火栓消防和热水供应系统及其设备。随着国民经济的发展和人民生活水平的提高，对于给水，人们不仅需要在室内供给足够的水量，而且要求供给足够优良的水质，于是出现了庭院式的小区直饮水系统和净水器，在国外，这些装置分别称之为进水点和用水点装置；为保证建筑消防安全，出现了固定式自动灭火消防系统等新型灭火措施；同时，人们要求自己居住的环境优美，于是出现了诸如音乐喷泉之类的水景系统；此外由于水资源匮乏和水体污染，国家有关管理部门规定，不仅必须节约用水，而且建筑物内的排水应当就地回用或就地处理，这就出现了庭院式的中水系统与装置和小型埋地式污水处理装置；为减少城市内涝，建设海绵城市，其源头所在的建筑、庭院及小区实施了延缓和降低径流峰值，从而降低排水强度，降低市政排水设施建设的规模。维持场地开发前后水文特征不变的低影响开发措施；实施综合管廊建设。上述的这些装置或系统虽然分别属于城市给水排水工程系统的末端或起端，是城市给水排水工程系统的组成部分，但为了给排水科学与工程学科课程设置上的平衡，将上述内容归属于"室内给水排水工程"，并将其更名为"建筑给水排水工程"，其内容除了包括建筑物内（室内）的给水、排水设备与装置外，还包括建筑物外庭院及小区（室外）的给水、排水设备与装置。这是"建筑给水排水工程"与"室内给水排水工程"内涵上的区别之一。

随着科学技术的发展，建筑物修得越来越高，且这种高层建筑与日俱增。目前，世界上最高的建筑是迪拜的哈利法塔，162层，828m高，国内最高的建筑是上海中心，地上127层，632m高。高层建筑由于高度大、层数多，建筑面积大，建筑功能复杂，涉及的人数众多，火灾的危险性也大。因此，对建筑设备，包括给水、排水、消防等的要求更高更严格，这是保证和完善建筑功能的重要因素。例如高层高级旅馆、宾馆和酒店，一般要求全日制的冷热水供应，附设有餐厅、茶座、酒吧、游泳池、桑拿浴和室内水景等，为此必须设置相应的水泵间、锅炉房、厨房、洗衣房、冷冻机房、变配电室、消防控制室等，并需要进行自动控制和微机管理，类似于一个较为现代化的小城镇。因此，作为"建筑给水排水工程"重要内容之一的高层建筑给水排水，从理论、设计、施工到设备、材料和维护管理，都较之于"室内给水排水工程"，在技术上有长足的进步与提高。这是"建筑给水排水工程"与"室内给水排水工程"内涵上的区别之二。

随着计算机应用技术的发展，AutoCAD软件包的使用逐步普及，20世纪90年代以来，给水排水专用的商业性软件包，为建筑给水排水工程设计提供了条件。目前，市场上通行的建筑给水排水CAD软件包主要是两类：一类是在美国Autodesk公司CAD软件AutoCAD基础上开发的；另一类是直接在DOS系统基础上开发的。前者的优点是编辑功能强、可直接形成图文且易为设计人员掌握，但其兼容性差、运行速度较慢、版本升级受到其基础 AutoCAD 版本的限制。后者的优点是独立性强、不受 AutoCAD 版本升级的影响、运行速度快、输入简便等，但其占用硬盘空间大、无法在软件内部实现 AutoCAD 的编辑功能、且不能自动利用建筑图进行设计。BIM（建筑信息模型）是一种创新的建筑设计、施工和管理方法，是以三维数字技术为基础，集成了建筑工程项目各种相关信息的工程数据模型。它在建筑给水排水工程中实现了设计的可视化、协同化、参数化，管道综合、安装模拟、成果多元。尽管现有的建筑给水排水工程软件有这样那样的问题，但随着计算机技术的发展，相信通过现有软件包的实践、改进、升级之后，功能会越来越完善，并逐步走向标准化、规范化和智能化。这是现代"建筑给水排水工程"与"室内给水排水工程"从技术内涵上讲的区别之三。

总之，"建筑给水排水工程"是给排水科学与工程的一个分支，也是建筑安装工程的一个分支，是研究建筑内部、庭院及小区的给水以及排水问题，保证建筑使用功能以及安全的一门学科。

5.2　建筑给水系统工程

5.2.1　建筑给水系统的分类与组成

建筑给水系统根据用途分为三类：

1. 生活给水系统

主要供给人们日常生活用水的系统，其水质必须符合国家规定的饮用水水质标准。它又可分为饮用水给水系统和杂用水给水系统（中水系统、雨水回用系统），有时还另设有直饮水系统。

2. 消防给水系统

主要供给各类消防设备用水，其水质要求不严格，但必须按建筑物的防火规范要求保证足够的水量及水压。

3. 生产给水系统

主要供给生产设备所需的用水，其水质、水量和水压要求视生产工艺的类别和设备而定。

上述三类系统可以独立设置，也可以按条件和需要组合设置。例如，生活和消防；生产与消防；生产与生活或者三类用水用同一给水系统供给。给水系统是独立设置或组合设置主要视水质、水压而定，凡类同者可以合一，以减少投资和运行管理上的麻烦。

建筑给水系统按管道作用一般由引入管、干管、主管、支管和用水设备组成；按管道敷设由横管（水平管）、立管（竖管、垂直管）和用水设备组成。此外，在给水系统上还有相应的一些附件，如为计量用的水表；为调节水量、水压、控制水流流向和便于维修的各类阀门等；有时还设有增压和储水设备，如图 5-1 所示。

5.2.2　给水方式与管网布置

建筑给水方式主要取决于城市给水系统的供水情况以及建筑物本身的高度、卫生设备及消防设备的设置情况等。建筑给水方式设置的基本原则是：①应保证供水安全可靠、管理维修方便；②在满足用户用水要求的前提下，应力求给水系统简单，造价最省，如应尽可能将水质、水压接近的用水类别共用一个系统等；③应充分利用城市管网直接供水。通常，给水方式有：

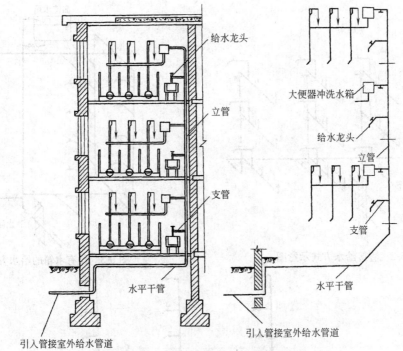

图 5-1 建筑给水系统的组成示意图

（1）直接给水方式 城市给水系统供水压力及水量均应满足用户要求时，将建筑物内的给水系统直接与城市给水系统相连，不另外附设加压或贮水设备的供水方式。这种方式的系统简单、维修方便、投资少，但建筑物内的供水完全受城市给水系统的控制。

（2）设有水箱的给水方式 在直接给水方式的基础上，在建筑物内设有高位水箱的给水方式。这种方式除具有直接给水方式的优点外，建筑给水系统内还贮备有一定水量，当城市给水系统供水压力周期性不足或水量不足或压力过高时采用。停水时，可使建筑物内不至于立即断水，供水的安全可靠性较好，缺点是高位水箱多置于屋顶，增加了建筑物的荷载，也给建筑物的立面处理带来困难；同时管理不善，会造成水质的二次污染。

（3）设水泵的给水方式 这种方式往往在城市给水系统水量足够、水压经常不足时，经自来水供水主管部门同意后采用，水泵直接与城市给水系统相连，在水压不足（不低于100kPa）时启用。其优点是能保证供水水质，不足之处是供水安全性差。

（4）设贮水池、水泵、高位水箱联合给水方式 当城市给水系统水量或水压经常不足，又不允许水泵直接取水时采用。其优点是能保证供水安全，不足之处是贮水设备管理不善时造成水质的二次污染。

（5）设气压给水装置的给水方式 气压给水装置是利用密闭压力水罐内空气的可压缩性贮存、调节和压送给水的供水装置，其作用相当于高位水箱，其优点是可以设置在建筑物的任何高度上，安装方便，且易实现自动控制，但给水压力变动较大，调节容积小，运行费较高，常用于建筑给水系统中稳压或小流量供水的场所。

上述各种供水方式分别如图5-2～图5-6所示。在实际工作中，常常是多个给水方式的组合使用来形成某一建筑的给水系统。

建筑给水系统管网的布置方式按水平干管的设置位置分为：下行上给式（图5-2）、上行下给式（图5-5中水箱供水的部分）、环状供给式（图5-7）。这三种布置方式也可联合使用，如图5-5所示。各种布置方式的优缺点见表5-1。

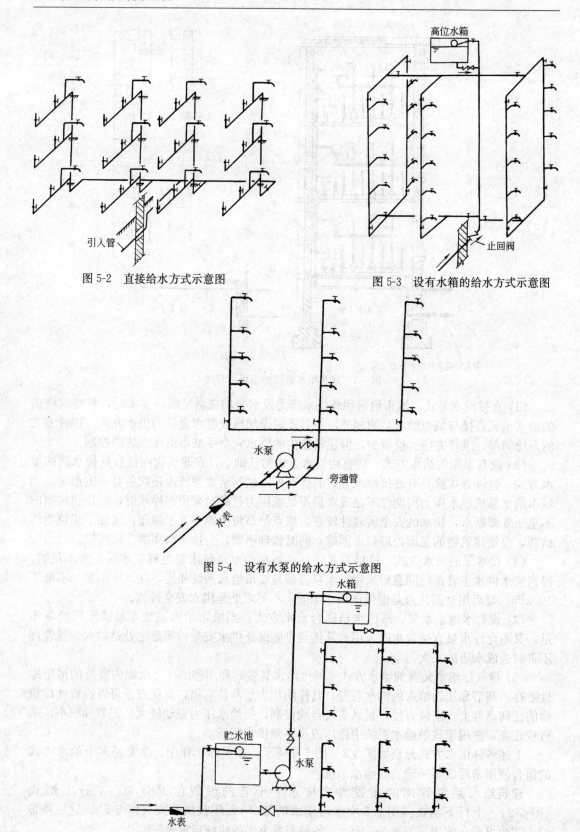

图 5-2　直接给水方式示意图

图 5-3　设有水箱的给水方式示意图

图 5-4　设有水泵的给水方式示意图

图 5-5　设贮水池、水泵和水箱联合工作的给水方式示意图

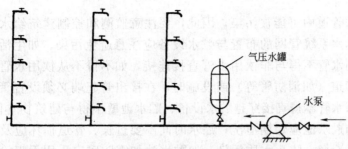

图 5-6 设气压给水装置的给水方式示意图

5.2.3 建筑给水系统的水质、水压、水量

建筑给水系统的水质、水压、水量视用水对象而定。生产给水系统取决于生产工艺；消防给水系统的水质要求不高，但必须保证足够的水压与水量；生活给水系统，特别是生活饮用水系统对水质要求很高，必须满足《生活饮用水卫生标准》，否则将危及人们的健康与生命。

1. 建筑给水系统的水质保护

为保证建筑给水系统的水质安全，一般采取以下主要措施：①加强建筑给水系统中引入管水质的监控。一般地说，从城市给水厂送出的出厂水是满足水质标准要

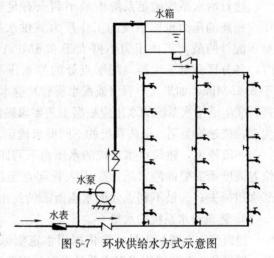

图 5-7 环状供给水方式示意图

| | 管网布置方式的比较 | 表 5-1 |

名称	特征及使用范围	优缺点
下行上给式	水平配水干管敷设在底层(明装、埋设或沟敷)或地下室顶棚下； 居住建筑、公共建筑和工业建筑，在利用外网水压直接供水时多采用这种方式	图式简单，明装时便于维修，无上行下给式所述缺点，最高层配水点流出压力较低，埋地管道检修不便
上行下给式	水平配水干管敷设在顶层顶棚下或吊顶内，对于非冰冻地区，也有敷设在屋顶上的，对于高层建筑也可设在技术夹层内； 设有高位水箱的居住、公共建筑，机械设备或地下管线较多的工业厂房多采用这种方式	最高层配水点流出水头稍高； 安装在吊顶内的配水干管可能因漏水、结露损坏吊顶和墙面，要求外网水压稍高一些，管材消耗稍多一些
环状式	水平配水干管或配水立管互相连接成环，组成水平干管环状或立管环状，在有两个引入管时，也可将两个引入管通过配水立管和水平配水干管相连接，组成贯穿环状； 高层建筑，大型公共建筑和工艺要求不间断供水的工业建筑常采用这种方式，消防管网也要求环状式	任何管段发生事故时，可用阀门关闭事故管段而不中断供水，水流通畅，水头损失小，水质不易因滞流变质，管网造价较高

求的，但在输送管道中可能被污染，因此，要注意监测和控制建筑给水系统引入管的水质。②建筑给水系统管网的布置与贮水设备应注意避免污染。如生活饮用水管应远离污水管、饮用水管不得与非饮用水管直接连接，如不得不从饮用水管道向外接出管道至非饮用水管道（如消防管等）或设施时，在接出管起端必须设置管道倒流防止器等设施、非饮用水管不得直接穿越贮水设备、贮水池壁不得与建筑物本体结构同壁等。③加强管理。如贮水池应定期清洗，贮水时间不要过长、管道损坏应及时维修及拆换等。④注意材料选择，防止水质污染。如贮水池如需防腐应采用无毒涂料、管材要选用确证不会游离出有毒物质的等。

2. 建筑给水系统的水压

建筑给水系统满足系统中最不利点有足够流出水头时，系统的压力称系统所需水压。系统的压力也称系统的工作压力或供水压力，应满足下列要求：①生活卫生器具给水配件的最大工作压力不得大于 0.6MPa；②高层建筑生活给水系统竖向分区供水时，各分区最低卫生器具配水点处的静水压不宜大于 0.45MPa，特殊情况下也不宜大于 0.55MPa，如果入户管（或配水横管）静水压大于 0.35MPa 时，宜设减压阀或调压设施；③生活给水系统的水压应根据工艺要求确定；④消防给水系统的水压应根据相关规范规定，按建筑类别、消防系统的不同要求确定。

一般地说，建筑给水系统的水压由下列四部分构成：①引入管起点至配水最不利点位置高度所需要的静水压；②引入管起点至配水管最不利点管道的沿程水压损失和局部水压损失；③最不利点处配水点所需的流出水压；④水表的水头损失。

3. 建筑给水系统的水量

建筑给水系统的水量主要依据用水定额标准进行计算。生活用水定额主要与地理位置、气候条件和建筑物内卫生器具设置的完善程度有关；生产用水定额主要与生产工艺有关；消防用水定额与建筑物类别、性质有关。由于我国按人均水资源占有量计属贫水国家，因此，建筑给水系统在确定水量时应注意采取措施节约用水和科学用水。

5.2.4　建筑内部热水供应系统

建筑内部热水供应系统应根据使用要求、耗热量及用水点分布情况，结合热源条件选定。目前，凡好一点的旅馆，都设有建筑内部热水供应系统。一般在建筑内设专用锅炉房或热交换间，由加热设备将水加热后通过管道系统输送到建筑内各热水用水点。加热设备的选择应根据使用特点、耗热量、维护管理及卫生防菌等因素选择，基本要求是：热效率高，热交换效果好，节能（宜首先利用工业余热、废热、地热和太阳能等），节地，并有利于系统冷热水压力平衡，安全可靠，维护方便等。

图 5-8 是一个完全的建筑内部热水供应系统，主要由两大循环系统组成：一是热媒系统（第一循环系统）；二是热水系统（第二循环系统）。

热媒系统由热源、水加热器、凝结水箱、凝结水泵和热媒管网组成。锅炉生产的蒸汽通过热媒管网送至水加热器加热冷水，通过水加热器的蒸汽变成冷凝水流入凝结水箱，冷凝水再通过水泵泵入锅炉循环使用。

热水供水系统由热水供水管网和回水管网组成。在水加热器中加热到一定温度（一般

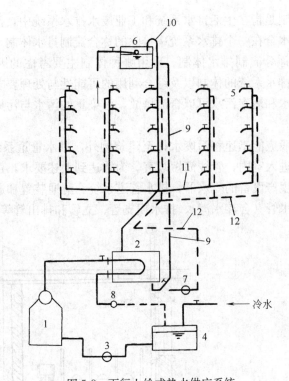

图 5-8　下行上给式热水供应系统

1—蒸汽锅炉；2—水加热器；3—凝结水泵；4—凝结水箱；5—配水龙头；6—贮水箱；

7—循环水泵；8—疏水器；9—冷水管；10—透气管；11—热水管；12—循环管

为 60℃）后进入供水管网供用水点用水。为保证各用水点随时都有规定水温的热水，供水干管和主管都设有回水管，使一定量的热水经循环水泵抽回至水加热器。水加热器的冷水由屋顶水箱或给水管补给。

5.3　建筑排水系统工程

5.3.1　建筑排水系统的分类与组成

建筑污、废水排水系统（简称建筑排水系统）按排除污、废水的类别分为：

（1）生活污、废水排水系统（简称生活排水系统）　主要排除人们日常生活方面的污、废水。为了节约用水，生活排水系统有时还分为：排除便器的生活污水排水系统和排除盥洗、沐浴、洗涤废水的生活废水排水系统。后者排除的生活废水经处理后可作为浇洒绿地、冲洗厕所等的杂用水。

（2）工业污、废水排水系统（简称工业排水系统）　主要排除生产工艺过程的污、废水。按污染程度有时也分为：生产污水排水系统和生产废水排水系统。前者污染较重，需经相当程度处理后才能排放；后者污染程度较轻，只经简单处理（如降温）后即可回用或排放，例如生产工艺中的冷却用水等。

（3）建筑雨水排水系统　主要收集和排除建筑屋顶及其周围的雨、雪水。

109

建筑排水系统体制是指在生活排水系统和工业废水排水系统中，污水与废水在排放过程中的关系，污、废水合在一个排水系统中排除的称合流制排水体制，污、废水分别在两个排水系统中排除的称分流制排水体制。采用哪种体制主要考虑的因素是：污废水的性质、污染程度、城市排水系统的体制以及综合利用的可能性与处理要求等。例如与生活污水相近的食品加工污水和屠宰污水可以合流排放，污染重的污水与污染轻的废水宜分流排放，以利回收利用等。

建筑排水系统一般应能迅速将污废水排至建筑物外，排水管道系统中的气压应稳定，使有毒有害气体不能进入室内，管线简短顺直。为能达到上述要求，建筑排水系统的组成主要是：卫生器具和生产设备的受水器、排水管道系统、清通装置和通气管等，其中排水管道系统包括器具排水管（含存水湾）、排水横支管、立管和排出管等，如图5-9所示。

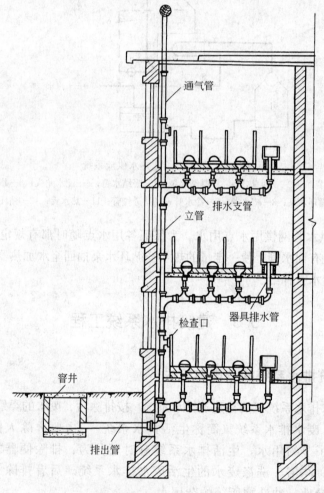

图 5-9　室内排水系统基本组成

建筑排水系统为能使管道中气压稳定和防止有害有毒气体进入室内，通常均应设通气管。按排水立管与通气管的设置情况，排水管道系统的类型主要有：

（1）单立管排水系统 这是利用排水立管伸顶出屋面通气，与排水立管本身及其连接的横支管进行气流交换，不单独设通气立管的系统，通常用于低层建筑排水，如图5-10

（a）所示。

（2）双立管排水系统 排水和通气分别单独设置的管道系统，通常用于污、废水合排的多层或高层建筑中，如图 5-10（b）所示。

（3）三立管排水系统 由一根排污水的立管、一根排废水的立管和一根通气立管等组成的管道排水系统，如图 5-10（c）所示。

除上述三类排水系统外，近年来，国内外出现了一些新型的排水系统，如特殊单管排水系统，真空排水系统等。

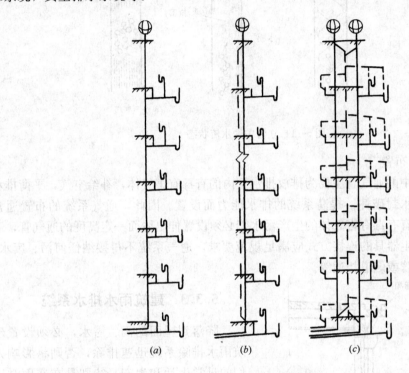

图 5-10 排水系统分类

5.3.2 建筑排水管道的布置与敷设

1. 布置与敷设原则

建筑内部排水系统直接与人们的日常生活与生产相联系，为创造良好的生活与生产环境，建筑排水管道布置与敷设应遵循下列原则：①排水畅通；②安全可靠，不影响室内卫生与美观；③管线短，造价低；④安装维护方便。其中，保证排水畅通和室内卫生是最基本的要求。

2. 排水立管的布置

由于排水立管中的水流量有瞬时性，流速高，因此排水立管中水流的流动既不是稳定的压力流，又不是一般的重力流，而是气、水两相流，如图 5-11 所示。这样，对排水立管的布置除应遵循上述原则外，还应注意：①尽量靠近排水量大、杂物多的排水点，如厕所的大便器；②尽量远离卧室、靠近外墙布置，以减少出户以后埋地管的长度；③应在适当位置，如底层与顶层，设置开、封方便的检查口。

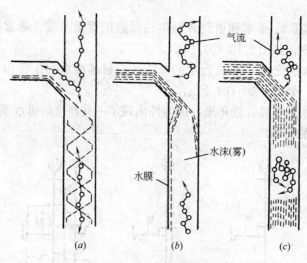

图 5-11　立管中的水流状态

3. 通气系统的布置

建筑排水系统中的通气管主要为排放排水管内的有毒有害气体，补给空气，平衡排水管内的气压，防止水封破坏，提高系统的排水能力而设置。因此，通气系统的布置通常是：凡生活排水和有有毒有害气体的生产污水管必须设置伸出屋面一定高度的通气管，通气管与排水管及卫生器具的连接方式应满足规范要求，通气系统不得接纳任何污、废水，也不得与室内通风管或烟道相通等。

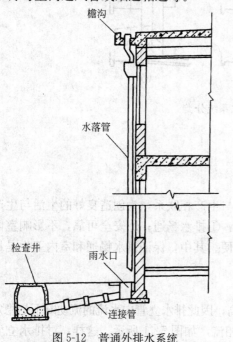

檐沟

水落管

检查井　雨水口

连接管

图 5-12　普通外排水系统

5.3.3　建筑雨水排水系统

降落到屋面的雨、雪水，必须设置建筑雨水排除系统迅速排除，否则将影响人们的日常生活和生产，特别是在暴雨时还可能造成水患。

建筑雨水排水系统按雨水管内压力波动情况分为重力流屋面雨水系统、半压力流屋面雨水系统及压力流屋面雨水系统；按雨水管道设置的位置分为外排水和内排水系统，也可以两种系统联合使用，主要视建筑屋顶面积大小、建筑物类别和建构结构形式以及当地气候条件和对生产生活的要求而定。一般地说，为避免雨（雪）水对建筑物内部造成危害的可能性，应尽量采用外排水系统。

1. 外排水系统

这是指建筑物内部不设雨水排水管道的系统。按屋面设不设天沟，外排水系统又分为不设天沟的普通外排水系统和天沟外排水系统，分别如图 5-12 和图 5-13

112

所示。

2. 建筑内排水系统

建筑内排水系统是在屋面设雨水斗和建筑物内部有雨水排水管道的系统，如图5-14所示。由图5-14可以看出，内排水系统由雨水斗、连接管、悬吊管、雨水立管、排出管、检查井和埋地管组成。降水一般沿屋面流入雨水斗，经连接管、悬吊管流入雨水立管，再经排出管流进雨水检查井，或经埋地管流至室外雨水道。有时，在排出管与检查井之间还要设排气井，以便排除雨水在立管中所携带的空气和消除雨水从屋面落至排水管时所具有的势能，使雨水能平稳地排至检查井。

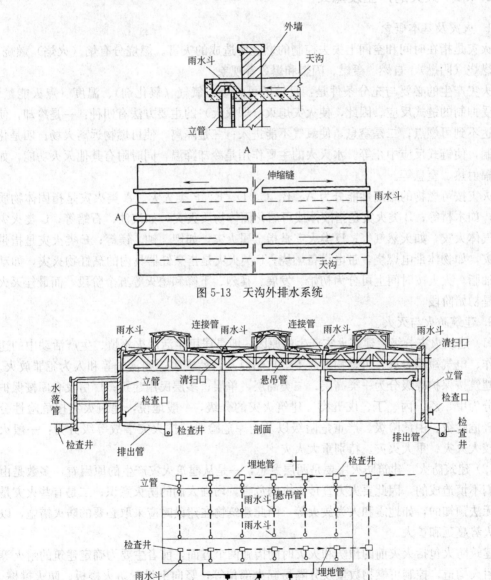

图 5-13 天沟外排水系统

图 5-14 内排水系统

5.4 建筑消防系统工程

火对人类社会进步曾起过标志性的作用，可以说，人们学会用火是人类脱胎于动物的重要标志之一。但是，火如果失去控制就会造成所谓"火灾"，危及人们生命财产乃至环境生态系统。因此有时需要灭火，建筑消防系统工程就是建筑火灾产生时的灭火系统工程。

5.4.1 火灾的产生及熄灭

1. 火灾及基本概念

火灾是指在时间和空间上失去控制的燃烧所造成的灾害。燃烧分有焰（火焰）燃烧、无焰燃烧（阴燃）、自燃、轰燃、闪燃和爆轰等现象。

火灾产生的必要与充分条件是：足够的可燃物、氧气（氧化剂）、温度（点火能量）及不受抑制的链式反应。因此，使火灾熄灭（即灭火）的主要方法有四种：一是冷却，使温度达不到可燃点；二是窒息，使氧气不能进入；三是隔离，使可燃物远离火场；四是化学抑制，使链式反应中止等。水灭火的主要作用是冷却降温，同时附有其他灭火功能，如隔离辐射热、窒息等。

火灾按可燃物的燃烧性能分为 A、B、C、D、E、F 类火灾。A 类火灾是指固体物质火灾，如木材等；B 类火灾是指液体或可熔化固体物质火灾，如汽油、石蜡等；C 类火灾是指气体火灾，如天然气等；D 类火灾是指金属火灾，如钾、钠、镁等；E 类火灾是指带电火灾，如物体带电燃烧，带电设备燃烧；F 类火灾是指烹饪器具内的烹饪物火灾，如动植物油脂。火灾按时间上可分为初始、发展、猛烈、下降和熄灭等五个阶段，而最佳灭火时机是初始阶段。

2. 建筑防火与灭火

（1）建筑火灾分级 建筑火灾产生的原因一般是居民生活用火不慎、生产活动中的违规操作、电气短路着火、可燃物堆放不慎自燃以及自然灾害，如雷击等和人为犯罪放火。民用建筑按保护等级分为一类高层、二类高层，单层、多层民用建筑；厂房及仓库按保护等级分为甲、乙、丙、丁、戊五类。建筑火灾的分级，一般地说，建筑火灾按危险性分为：轻危险级、中危险级、严重危险级以及仓库危险级；按火灾事故等级分为：一般火灾、较大火灾、重大火灾、特别重大火灾。

（2）建筑防火 建筑防火主要是两层意思，一是从建筑火灾产生的原因看，多数是由于人们不慎造成的，因此要大力宣传火灾的危害，增强人们的防火意识；二是有些火灾是人们无法预知的，如地震和人为放火等，因此建筑物在建设时应采取必要的防火措施，以防止火势蔓延和扩大。

建筑防火包括火灾前的预防和火灾时的措施两个方面，前者主要为确定建筑的耐火等级和耐火构造，控制可燃物数量及分隔易起火部位等，竖向上设置防火楼板、防火挑檐、避难层和功能转换层等防火分隔；后者主要为平面上设置防火分区、防火间距、防火墙、防火门、防火窗等防止火灾蔓延，设置安全疏散设施及通风排烟，安装报警系统以及火灾探测器等。

（3）建筑灭火　建筑灭火采用的灭火剂种类较多，灭火剂是可以破坏燃烧条件，中止燃烧的物质。常用的灭火剂种类有水、泡沫、干粉、卤代烷、二氧化碳和氮气等。不同的灭火剂灭火的作用不同，应根据火灾时燃烧物的种类，应有针对性地选择灭火剂。

建筑灭火主要采用水作为灭火剂，水灭火的主要作用是冷却，因为1kg水温度每升高1℃可吸收4184J热量，而1kg水蒸发汽化时可吸收2259kJ热量，因此用水灭火可大大降低燃烧区的温度。但用水灭火要防冻，以免严冬将消防水管冻塞等。其次也根据火灾类别，设置不同类型灭火剂的灭火器具，如泡沫灭火器，主要采用泡沫灭火剂与水混溶来灭火，其主要作用是隔离和冷却（因含水）。

5.4.2　建筑消防系统工程

建筑消防系统按使用灭火剂的种类可分为消火栓给水灭火系统、自动喷水灭火系统等水消防系统和气体消防系统、热气溶胶预制灭火系统等非水消防系统。

1. 消火栓给水灭火系统

建筑消火栓给水灭火系统分为室外消火栓给水灭火系统和室内消火栓给水灭火系统，是将建筑给水系统中的水量用于建筑物的灭火系统，是我国建筑物最常用、最基本的灭火系统。室外系统一般是在室外生活给水管网上安装室外消火栓来实现，也有独立的室外消火栓给水灭火系统；室内系统一般由水枪、水龙带、消火栓、消防管道、水池（箱）、消防水泵接合器（有时还设增压水泵）等组成，一般是独立设置，如图5-15和图5-16所示。

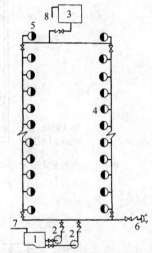

图5-15　一次供水室内消火栓给水系统
1—水池；2—消防水泵；3—水箱；4—消火栓；
5—试验消火栓；6—水泵接合器；
7—水池进水管；8—水箱进水管

2. 自动喷水灭火系统

这是在建筑物内发生火灾时，能自动打开喷头喷水灭火并同时发出火警信号的灭火系统。在火灾初期，这种系统灭火效率较高，因此在建筑物内易于发生火灾的地方通常都应设置自动喷水灭火系统。它由喷头、管网、水源、加压贮水设备、报警装置等组成，如图5-17所示。

自动喷水灭火系统根据喷头形式、喷头的布置方式以及灭火管网中平时是否允水而分为多种形式。例如，湿式自动喷水灭火系统是采用常闭喷头，管网常充水的系统；干式自动喷水灭火系统是采用常闭喷头，管网平时不充水而充气（空气或氮气）的系统；水幕灭火系统是指常开喷头成线形布置，灭火时可形成"水墙"的系统等。

3. 其他灭火系统

在建筑物中，有些火灾是不能用水扑灭的，如电石、碱金属着火等；有些设备用水灭火则会产生重大损失，如图书馆、高级仪器房、计算机房等。因此，建筑灭火也常采用其他非水灭火系统。常用的非水灭火系统是气体消防系统，如二氧化碳、七氟丙烷和热气溶胶预制等灭火系统。

　　二氧化碳灭火系统是将预贮存的二氧化碳在火灾发生时放出，依靠窒息作用、部分冷却作用和隔离作用而灭火的系统；七氟丙烷灭火系统是采用七氟丙烷（HFC-227，商品名FM200，分子式为 CF_3CHFCF_3）气体灭火剂灭火，依靠冷却作用、隔离作用和消耗氧气来灭火；热气溶胶预制灭火系统是采用热气溶胶灭火剂贮存装置和喷放组件等预先设计组装成的灭火系统，热气溶胶灭火剂灭火的主要作用是冷却和化学抑制作用。

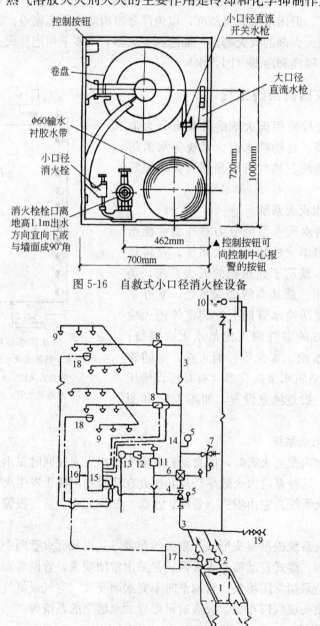

图 5-16　自救式小口径消火栓设备

图 5-17　湿式自动喷水灭火系统图式

1—消防水池；2—消防泵；3—管网；4—控制蝶阀；5—压力表；6—湿式报警阀；

7—泄放试验阀；8—水流指示器；9—喷头；10—高位水箱、稳压泵或气压给水设备；11—延时器；

12—过滤器；13—水力警铃；14—压力开关；15—报警控制器；16—非标控制箱；17—水泵启动箱；

18—探测器；19—水泵接合器

5.5 居住小区给水排水系统工程

5.5.1 居住小区概念

居住小区通常是指城镇居民住宅建筑区。按《城市居住区规划设计规范》GB 50180—93（2016 年版），居民居住区分为三级：

（1）居住组团　这是最基本的居住区单元，一般占地在 $10×10^4 m^2$ 以下，住户介于 $300～1000$ 户之间，人口在 $1000～3000$ 范围内。

（2）居住小区　由若干居住组团构成，占地在 $10×10^4～20×10^4 m^2$ 之间，住户 $3000～5000$ 户，人口 $10000～15000$ 之间。

（3）居住区　由若干居住小区组成。

居住区由于面积大、人口多，其给水排水特点已和城市给水排水类同。本节所述的给水排水系统工程主要是针对居住小区或居住组团的。

5.5.2 居住小区给水系统工程

1. 居住小区的给水

一般以城市给水系统作为水源，只有在居住小区远离城市给水管网时才考虑自备水源。

居住小区的给水不仅应满足居民用水要求，还应满足小区内公共建筑、市政、消防和生产用水的要求。

在居住小区内，生活、消防和生产三类用水，常用同一给水系统供给，但有时因水质、水源要求不同以及对某种给水有特殊要求时，也可以独立设置。小区给水系统的布置，与城市给水系统相似。

2. 居住小区直饮水给水系统

随着国民经济的发展与人民生活水平的提高，人们对水质的要求越来越严格，而水源水质又由于污染加重而越来越差，通过常规的城市给水处理工艺，已很难去除某些微量的污染物，如三致物、内激素等。尽管城市给水处理厂也在进行工艺改革和强化，以期提高对污染物的去除效率，但即使城市给水处理厂出厂水质能达到饮用水的卫生标准要求，也不能保证用水点的水质可以直接饮用，因为给水管道中的物理、化学、生物学的作用，以及二次供水有可能产生二次污染。

为解决上述问题，越来越多的城市居住小区建设了单独的直饮水系统。这种系统直接从城市给水系统取水作为水源，经一定工艺处理后用单设的管道系统供给用户，水质可以达到直接饮用（不必煮沸）。因此，直饮水系统有时称为优质饮用水系统。

关于直饮水或优质饮用水，目前国家尚无水质标准，也没有制订规范，社会上人们也有不同的看法。例如，什么叫"优质"？是不是纯度越高越优？水是人体的主要成分之一，又参与人体的新陈代谢过程，水的质量是直接关系人体健康，甚至直接关系到人类繁衍。人体在新陈代谢过程中所需的许多微量元素都来自于水中的溶解元素，如果人们日常的饮用水真的很纯，纯到没有任何微量元素，那么人体所需的这些元素又通过何种渠道去摄取？这些问题，目前尚无定论。于是直饮水的生产工艺便各式各样，主要是两类：图 5-18 为反渗透直饮水系统，这种系统生产的出水水质较纯，其纯度视反渗透膜的性能而定；缺点是在去除有害物质的同时，也去除了某些对人体有益的微量元素。图 5-19 为超滤直饮水系统，其优点是在去除有害物与致病菌的同时，保留了一些微量元素，这些微量元素对人体有益，但同时也可能保留了某些有害有机物。总之，目前尚没有一种既能有效地去除全部有害物质，又能保留有益微量元素的工艺。

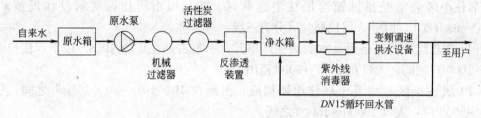

图 5-18　反渗透直饮水系统流程示意图

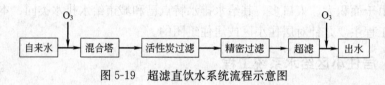

图 5-19　超滤直饮水系统流程示意图

为了保证直饮水系统中的水质，一般直饮水系统均应设计成循环式。循环方式如图 5-20 所示。

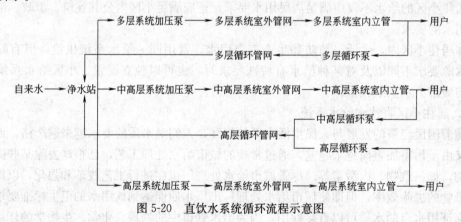

图 5-20　直饮水系统循环流程示意图

3. 居住小区中水系统

中水是相对于给水（上水）系统和排水（下水）系统而言的，中水的水质介于给水和排水水质之间，属非饮用水。居住小区的中水系统是将居住小区居民使用后的各种生活废水和雨水经处理后，经收集、贮存、处理达标后，回用于小区内的绿化用水或小区建筑物内的便器冲洗等用途的杂用水给水系统。建筑小区中水系统在国外于 20 世纪 60 年代开始研究，特别是日本。国内于 80 年代开始研究，在某些缺水地区，如北京、天津等地已日益增多。小区中水系统框图如图 5-21 所示。

目前，我国已制订了《建筑中水设计规范》GB 50336—2002。该规范推荐的小区中水处理流程如图 5-22、图 5-23 和图 5-24 所示。其中图 5-22 中的优质杂排水是指不包括厕所冲洗水和厨房排水的生活废水，杂排水则只是不包括厕所冲洗水的生活废水。

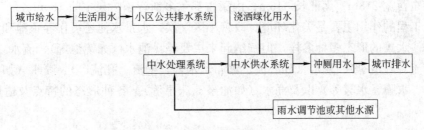

图 5-21 小区中水系统框图

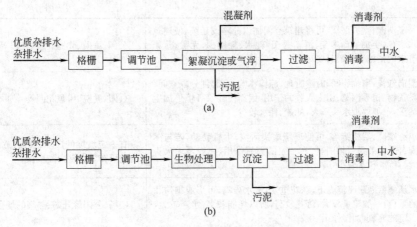

图 5-22 优质排水和杂排水的水处理工艺流程

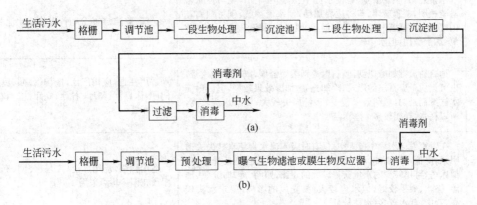

图 5-23 生活污水为中水原水的水处理流程

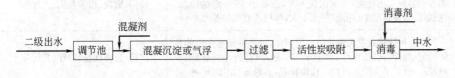

图 5-24 有二级污水处理站的建筑小区中水站水处理流程

4. 居住小区水景工程

随着人们生活水平的提高，水景工程越来越多。世界上最大的喷泉水景是沙特阿拉伯的吉达市喷泉，喷水柱高 312m；国内广东省揭阳榕江音乐喷泉主喷 188m；西安大雁塔北广场喷泉东西宽 218m，南北长 346m；内蒙古鄂尔多斯音乐喷泉主喷 180m。

　　水景工程的作用主要是美化环境、改善小区气候，水景水池还可作养鱼池和消防备用
贮水池等。水景的形态多种多样，但归纳起来主要是：池水（如镜池等）、流水（如溪流、
渠流、漫流、旋流等）、跌水（如叠流、瀑布、水幕、壁流、孔流等）、喷水（如射流、冰
塔、冰柱、水膜、水雾等）以及涌水（如涌泉、珠泉等）。各种形态的特点及适用场所见
表 5-2。

水景的基本形态　　　　　　　　　　　　表 5-2

形态	特　点	适用场所
镜池	一泓清澈、微波荡漾，可将建筑空间加以分隔或延续，使建筑临水增色，更加生动多变，清新秀美，耗水、耗能少，无噪声，如无有效的措施则水质易变坏	公园、庭院、光庭、屋顶花园等
溪流	涓涓细流，窜绕石间，时隐时现，淙淙作响，可起到分隔空间、联系景物、诱导浏览、引人入胜的作用，因而使建筑环境更加生动活泼，一般要求水头不大，耗能、耗水较少	公园、庭院、屋顶花园等
叠流	湍流跌降，层叠错落，可使环境欢快活泼，生机勃勃，若与溪流配合艺术效果更加明显，有一定的充氧作用，一般要求水头不大，耗能、耗水较少	有一定坡度的广场、公园、庭院等，小型的也可布置在室内或屋顶
瀑布	水从峭壁断崖飞流直下，珠花迸发，击水轰鸣，可形成雄伟壮观的景色，一般流量较大，落差较高，所以耗能较多，水声较大，有一定的充氧、加湿作用	广场、公园等开阔、热闹的场合
水幕	水帘悬吊，飘飘下垂，若使水流平稳，边界平滑，则可使水幕晶莹透明，视若玻璃，若将边界加糙，使水流掺气，则可使雪花闪耀，增强观瞻效果。边界加糙后，照明效果较好，有一定的充氧、加湿作用，但水声较大	公园、庭院、光庭、大厅、儿童戏水池等
喷泉	垂直射流则如峰似剑，倾斜射流则柔媚舒展，既可单独成景，也可组成千姿百态的形式，冷却充氧，加湿效果较好，但因射流水柱细而透明，照明效果较差，水量损失较大，要求水头较高，所以耗水、耗能较多	适用性强，应用广泛，广场、公园、庭院、门厅、休息厅、舞厅、餐厅、光厅、屋顶花园均可布置
冰塔	在垂直射流水柱中掺入空气（有时吸入池水），使水柱失去透明感，降低水柱高度，增加水柱直径，即可形成强烈反光柱，形似冰塔，可用较少的水量获得较大的观瞻，照明、冷却、充氧、加湿、除尘、效果较好，但水声较大，易受风的影响，要求水头高，耗能、耗水较多，水柱较低	适用性强，应用广泛，广场、公园、庭院、屋顶花园等均可采用
涌泉	清澈泉水自池底涌上，高低错落漫流横溢，可造成浓郁的野趣和寂静幽深的意境，要求水头不大，声音小，有一定的冷却、充氧作用，设备简单、耗能、耗水不大，但照明效果较差	公园、庭院、屋顶花园、大厅等
水膜	利用各种缝隙式喷头将水喷成膜，可组成各种新颖多姿的几何造型，冷却、充氧、加湿、除尘作用较好，声音较小，但照明效果较差，要求水头较大，耗水、耗能较多，水膜易受风的影响	广场、公园庭院、门厅、光厅等
水雾	利用撞击式、旋流式、缝隙式等喷头，将水喷成细碎的水滴或水雾，可造成水汽腾涌，云雾朦胧的景象，在阳光或灯光照射下，可使长虹映空，别具情趣，可用较少的水扩散到较大的范围内，照明、冷却、充氧效果好，但喷嘴易堵塞，易受风影响，要求水头较高，耗水、耗能较大	常与喷泉、瀑布、水幕等配合应用

续表

形态	特 点	适用场所
孔流	水自水盘或水池中经孔口、管嘴等水平或倾斜流出,可组成各种活泼、玲珑的造型,要求水头不大,声音较小,设备简单	应用广泛,公园、广场、庭院、大厅、光厅、屋顶花园、儿童游戏水池等均可布置
珠泉	将少量压缩空气鼓入清澈透明的池底,使池中珍珠进涌,水面鳞纹细碎,可使环境更加清新幽雅,富于变换,有一定的充氧作用,可防止池水腐化变质,少用水,能耗小,声音小,设备简单	常与镜池配合应用
壁流	水从缝隙间、缘口上溢流出来贴壁尚流,可滋养壁上苔藓植物,使壁雕更加自然俊美,耗水耗能少,声音低	常应用于公园、庭院等处的假山及建筑小品,室内厅堂和楼梯平台下的水池等处

典型水景工程的给水排水系统由水池、补给水管、配水管、回水管、排水管、溢流管、吸水井、水泵、调节阀、喷头及水处理装置组成,如图 5-25 所示。

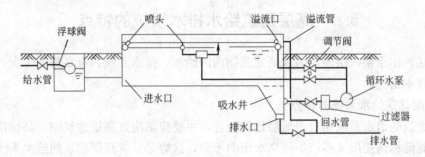

图 5-25 水景工程给水排水系统的组成

5.5.3 居住小区排水系统工程

居住小区的排水系统主要是指居住小区的生活污水、生活废水及雨(雪)水的排水系统,这些排水系统是合成一个管道系统,还是分开成多个管道系统,主要视建筑物内的排水系统及城市排水系统的要求而定。一般地说,新建、改建的居住小区排水系统分为生活污(废)水排水系统和雨(雪)水排水系统。只有在缺水地区设置有中水处理站的居住小区,才将生活污水与生活废水分系统排除。

居住小区排水系统应遵循管线短、埋深小、尽量自流排出的原则布置,通常沿道路或平行于建筑物敷设。居住小区排水管道与城市排水管道和建筑物排出管交汇处、转弯或坡度改变处应设检查井。

居住小区雨水排水管道系统中的管径大小、雨水口形式和数量应根据布置位置、雨水流量和雨水口的泄水能力计算确定。通常在道路交汇处、建筑物单元出口处、外排水建筑物的雨落管附近和居住区的低洼处均应布置雨水口。同时,可在屋面、小区构建"渗(渗水,自然入渗,涵养地下水)、滞(滞水,错峰,延缓峰现时间,降低峰值流量)、蓄(蓄水,为雨水资源化利用创造条件)、净(净水,减少面源污染)、用(用水,充分利用水资源)、排(排水、安全排放)"技术体系,以实现"低影响开发雨水系统"。

居住小区排水系统中设或不设污水处理设施,主要视居住小区排水的去向而定。一般,居住小区的雨(雪)水排水系统的排水可以直接排入城市雨水系统或就近排至附近水体。生活废水可直接从小区排水系统排入城市排水系统,或进入中水处理设备处理后回用作杂用水。生活污水排入城市排水管网则应满足《污水排入城镇下水道水质标准》GB/T 31962—2015 的规定，如果排入水体则应满足《城镇污水处理厂污染物排放标准》GB 18918—2002 的规定，同时不能降低受纳水体的功能。通常，在生活污水（包括与生活废水合流）排放入附近水体时，均需在居住小区设置污水处理装置。

目前，居住小区的污水处理装置多为埋地式，这样可以少占地。小型污水处理装置的工艺与城市污水处理厂工艺类同，但居住小区的排水比整个城市排水的不均匀性大得多，这将大大增加处理装置的容量。因此，居住小区的污水处理设施建设必须由城市排水总体规划统筹确定，凡已经兴建或拟兴建城市污水处理厂的居住小区，不宜再单独设置小区污水处理装置，只有在远离城市排水管道和污水处理厂的小区，才考虑兴建居住小区的污水处理装置。

5.6　高层建筑给水排水系统的特点

高层建筑由于楼高层多，为保证建筑物内的给水、排水系统具有良好的工况，必须采用相应的技术措施。

1. 高层建筑给水系统的特点

高层建筑的给水系统相对于低层建筑而言，主要应解决好高层建筑中，高标高楼层有足够水压而低标高楼层又不产生过高水压的矛盾，这势必要求高层建筑的给水系统在竖向上应分区布置。分区供水方式可以是各区并联或串联供水；可以采用变频水泵直接供水，也可设置水箱供水；如果由高层屋顶水箱串联供水，则在中层区和低层区，为避免水压过高，应采取减压措施，如采用水箱减压或减压阀减压等，如图 5-26、图 5-27 所示。

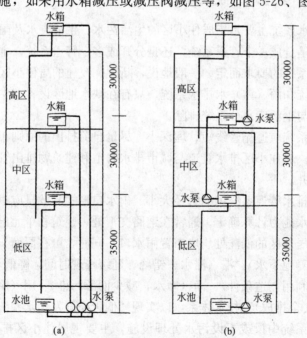

图 5-26　供水方式一
（a）并联给水方式；（b）串联给水方式

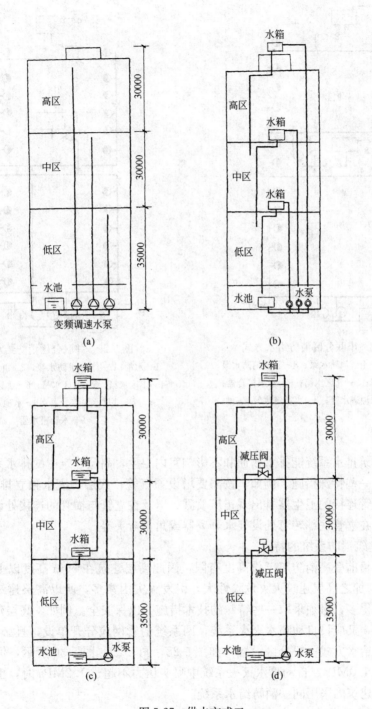

图 5-27 供水方式二

(a) 变频调速泵给水方式；(b) 水泵水箱联合给水方式；

(c) 减压水箱给水方式；(d) 减压阀给水方式

2. 高层建筑排水系统的特点

由于高层建筑中使用人员和卫生器具多，排水量大，易引起排水管道中压力的波动。

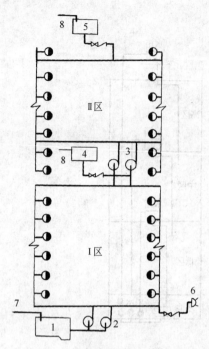

图 5-28　串联分区消防给水方式

1—水池；2—Ⅰ区消防水泵；3—Ⅱ区消防水泵；

4—Ⅰ区水管；5—Ⅱ区水箱；6—水泵接合器；

7—水池进水管；8—水箱进水管

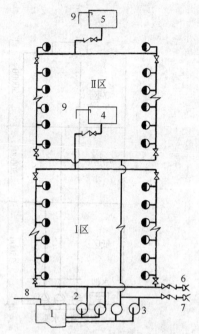

图 5-29　并联分区消防给水方式

1—水池；2—Ⅰ区消防水泵；3—Ⅱ区消防水泵；

4—Ⅰ区水箱；5—Ⅱ区水箱；6—Ⅰ区水泵接合器；

7—Ⅱ区水泵接合器；8—水池进水管；

9—水箱进水管

为保证高层建筑排水系统能排水畅通和不影响室内卫生，高层建筑中的排水系统相对于低层建筑需采取一些特殊措施。例如，按需要增设通气管；底层污废水独立排出建筑物外，以免下层横支管连接的卫生器具出现正压喷溅；以及在立管与横管的连接处设气水混合器或旋流接头、在立管底部转弯处设气水分离器或角笛弯头等。

3. 高层建筑消防系统的特点

由于我国目前登高消防车工作高度有限，因此高层建筑在 50m 高度以上时，灭火完全靠"自救"，加之高层建筑火灾危险性大，引发火灾因素多，所以高层建筑的消防要求比低层建筑高得多，必须采取一些特殊的技术措施，以保安全。例如，高层建筑既应设消火栓消防系统，又应设自动喷水灭火系统，两系统的管网应分开单设，且必须环状设置；高层建筑消防给水方式一般分区设置，如图 5-28、图 5-29、图 5-30 所示，但在消火栓口处压力不超过 1.0MPa，自动喷水灭火系统中喷头压力不超过 1.2MPa 时，也可考虑不分区，即在一栋建筑内采用同一消防给水系统。

4. 高层建筑热水供应系统的特点

高层建筑热水供应系统的特点与给水系统类同，主要应解决好高、低层热水供应管网中压力差的矛盾。冷水的加热装置可以分区设置，也可集中设置，但为了保证高层建筑中各用水点都用到合适温度的热水，往往需要采用全循环方式供水，即热水干管、主管和支管均应保持热水循环。

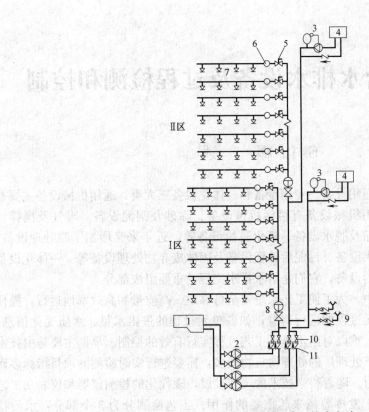

图 5-30　设稳定压泵的分区给水方式

1—水池；2—消防主泵；3—稳压泵组；4—水箱；5—信号阀门；6—水流指示器；

7—喷头；8—湿式报警阀组；9—水泵接合器；10—阀门；11—止回阀

第6章 给水排水设备及过程检测和控制

6.1 概　述

给水排水工艺设备有通用设备、专用设备和一体化设备三大类，通用机械设备主要有泵类、阀类、风机类，专用机械设备有拦污机械设备、除砂及刮泥设备、曝气及搅拌设备、投药及消毒设备、浓缩及脱水设备、氧化脱盐设备等。近年来又增加了膜处理设备、沼气利用设备、序批法滗水设备、污泥后处置设备及固体废弃物处理设备等。一体化设备是指完成整个水处理过程的设备，它们是给水排水工程的重要组成部分。

在给水排水工艺过程中，为了使工艺系统安全可靠地、高质量和高效率地运行，操作管理人员必须掌握各个单元过程的运行信息，如各单元过程的进出水量、水质变化信息，设备的运行信息等，否则，难以对给水排水工艺过程实行有效的控制。早期主要是由技术人员现场检测、调试。由于处理厂的处理构筑物较多，需要进行实时检测的项目指标多而复杂，耗费大量的人力物力。随着科学技术的飞速发展，现代化的检测仪器和仪表在工艺过程的管理和运行控制中，发挥着越来越重要的作用。工艺检测分为 3 个部分：水质检测；工艺参数检测；工艺设备运行参数检测。工艺过程检测技术是随着科学技术特别是自动控制技术的发展而不断提高的，因而检测技术的水平，反映了给排水工艺过程的控制水平。

我国传统的给水排水工程隶属于土木工程范畴，是土木工程的一个分支。水处理设施以土木工程构筑物为主，因此，对于工艺设备并没有给予足够的重视。这使我国给水排水事业的发展受到了很大的限制。这既是我国长期以来计划经济体制所造成的结果，也存在观念上的问题。因此，在给排水工艺与工程方面，与发达国家相比，工艺上差距并不大，但工艺设备以及仪器、仪表和材料等方面差距较大。在发达国家，水处理设备已在国际市场占有重要地位。目前，我国虽然拥有众多的工艺设备制造厂家，但仍缺乏达到现代技术标准的完整的工艺设备制造体系。所用的一些先进设备，大多是引进国外产品，或者在消化、吸收国外先进技术的基础上仿造外国产品。这种状况，已不能满足我国当前经济发展的需要，也与给水排水工艺与工程的发展不相适应。给水排水工艺与工程在仍需保持一定的土建构筑物以外，应向设备化、系列化、集成化和自动化方向发展，特别是应以工艺专用设备的研究与开发为其重点，将高新技术（如程序控制、微机管理等）渗入到工艺设备的制造及运转之中。给排水系统的仪器仪表不仅包括各种各样的检测、转换、显示、调节、执行等传统部件，而且正朝着转换程序控制、连锁保护、自动冲洗、信息传输、遥测遥控、数据处理、计算机控制、自寻故障诊断、耐用性更好以及适用自动化控制的方向发展。工艺设备及控制水平的高低和发展的速度，受到基础工业的水平以及强烈的市场竞争的影响，主要是：新型、优质材料的选用和制造加工工艺的提高；设备的精度、可靠性、耐久性、节能、效率的提高；控制和反馈调节准确，使工艺过程自动化的可靠性大大提高。

6.2 给水排水设备

6.2.1 给水排水通用设备

给水排水设备是城市给水和排水工程中必要的组成部分，是整个给水排水系统正常运转的关键，通用设备是指给水排水工艺与工程以外其他行业也应用的设备，均是标准化、系列化设备，见表 6-1。在给水排水工程中常用的通用机械设备是水泵和风机、阀门及驱动装置、闸门及启闭机等，其中水泵最为常见。在给水工程中，卧式离心泵用得较多，近年来开始采用立式泵。排水工程中轴流泵、潜水泵用得较多。阀门也是给水排水工程中的常用设备，主要用来控制流体的流量和方向。随着对自动控制系统的要求不断提高，电动阀、气动阀的应用比例越来越高。

给水排水工程常见通用设备分类表　　　　　　　　　　　　表 6-1

序号	分 类		常 用 设 备
1	水泵	叶片泵	离心泵、轴流泵、混流泵、潜水泵、螺旋泵
		容积式水泵	往复泵、回转泵
		真空泵	水环式真空泵、往复式真空泵、罗茨真空泵、干式旋片真空泵
		其他类型水泵	射流泵、水锤泵、内燃泵、气升泵
2	空气压缩机		压缩机、鼓风机、通风机
3	起重设备	起重葫芦	手动单轨小车、环链手动葫芦、捯链
		起重机	手动起重机、电动起重机
4	计量设备		计量泵、水表、流量计
5	减速机械设备		蜗轮蜗杆减速机、摆线针减速机
6	闸门及启闭机	闸门	手动闸门、液动闸门、电动闸门
		启闭机	手动启闭机、电动启闭机
7	阀门及驱动装置	阀门	截止阀、闸阀、蝶阀、球阀、止回阀、安全阀、排气阀、电磁阀
		驱动装置	电动驱动装置、水压驱动装置、油压驱动装置、气压驱动装置、电磁驱动装置
8	水锤消除设备		多功能水泵控制阀、水锤消除器、调压塔、微阻缓闭止回阀

6.2.2 给水排水专用设备

给水排水专用设备类型较多，见表 6-2，以下简要介绍几种常用的给水排水专用设备。

1. 拦污设备

城镇自来水厂、污水处理厂，雨水、污水中途加压泵站，工矿企业的给水、排水等水处理系统的进水口，为截除水体中粗大漂浮物如树枝、杂草、碎木、塑制品废弃物和生活垃圾等杂质，需安装格栅拦污设备，起保护、减轻后续工序负荷的作用。

给水排水常用的专用设备分类表

表 6-2

序号	类　别		常　用　设　备
1	拦污设备		格栅、筛网、除毛机
2	除污、排泥、排砂设备	排泥及排砂设备	刮泥机、吸泥机、除砂机、吸砂泵
		撇油、撇渣设备	刮渣（油）机
3	污泥浓缩脱水设备	污泥浓缩设备	重力式污泥浓缩机、带式浓缩机、卧螺式离心机
		污泥脱水设备	压滤机、脱水机
4	搅拌设备		溶药搅拌设备、管式静态混合器、水力搅拌设备
5	曝气设备	鼓风曝气设备	微孔曝气器、中粗孔曝气器、穿孔管、动态曝气器、旋混曝气器
		机械曝气设备	叶轮曝气、转刷曝气
6	气浮设备		压力溶气气浮、布气气浮设备、电解气浮设备
7	离心分离设备		离心机、水力旋流器
8	生物转盘		金属生物转盘、塑料生物转盘
9	过滤设备		滚筒式过滤器、压力过滤器、纤维过滤器
10	膜分离设备		反渗透膜、纳滤膜、超滤膜、微滤膜、电渗析器
11	投药设备		溶液投加器、自动加矾控制装置、水质稳定加药装置、水射器
12	消毒设备		加氯机、臭氧发生器、次氯酸钠发生器、紫外线消毒器

　　格栅是由一组平行的金属栅条或筛网制成，被截留的杂质称为栅渣。格栅按形状可分为平面格栅和曲面格栅两种。平面格栅由栅条与框架组成，曲面格栅可分为固定曲面格栅与旋转鼓筒式格栅两种。

　　2. 排泥、排砂设备

　　排泥设备通常用于排除沉积在沉淀池池底的积泥，排出的泥或者进行脱水处理或者部分回流或者直接排入水体。

　　排泥设备主要分为吸泥机和刮泥机两类。

　　刮泥机是将沉淀池中的污泥刮到一个集中部位而后排出，多用于污水处理厂的初次沉淀池，主要类型有用于矩形平流式沉淀池的链条刮板式和桁车式刮泥机，以及用于圆形辐流式沉淀池的回转式刮泥机。

　　吸泥机是将沉淀于池底的污泥吸出的机械设备，一般用于自来水厂沉淀池和污水处理厂二次沉淀池，常用的有回转式吸泥机和桁车式吸泥机，前者用于辐流式二沉池，后者用于平流式沉淀池。

　　除砂设备用于沉砂池，去除水中密度大于水的砂、石等无机颗粒。集砂方式有两种：刮砂型和吸砂型。刮砂型是在缓慢行走的桁车上装有刮板，用刮板将沉积在池底的砂粒集中至池中心或池边的坑、沟内，再清洗提升，脱水后输送到池外盛砂容器内，待外运处理。吸砂型是在缓慢行走的桁车上装有吸砂泵，用吸砂机将池底的砂水混合液抽至池外，砂粒经脱水后，送至盛砂容器内，待外运处置。

　　3. 撇油、撇渣设备

　　撇油、撇渣设备一般用于气浮池或沉淀池中的浮渣、油污、泡沫等物质的去除，它是利用刮板将漂浮在水面的污泥和油污等物质刮至排渣槽内，达到撇油、撇渣的目的，按运行方式可以分为桁车式刮渣（油）机、回转式刮渣（油）机。

桁车式刮渣（油）机一般多用于矩形式沉淀池和气浮池中沉渣、浮油的去除。

回转式刮渣（油）机用于辐流式的隔油池、浮选池和沉淀池的浮渣和浮油的去除，由于辐流式沉淀池形状为圆形，故其运转方式为回转运动。

撇油、撇渣设备一般为钢制。

4. 污泥浓缩脱水设备

水处理系统产生的污泥，含水率很高，一般可达 99% 以上，体积很大，因而输送、处理或处置都不方便。浓缩的目的是降低污泥含水率，通常作为污泥脱水的预处理。污泥浓缩机是对污泥进行浓缩的专用设备。污泥浓缩设备有多种类型，如离心浓缩机，微孔滤机，带式浓缩机等。离心浓缩机和带式浓缩机与污泥脱水的相应设备工作原理相同，微孔滤机是利用污泥通过滤网使固液分离，从而达到污泥浓缩。

污泥浓缩后，还有 95%～97% 的含水率，体积很大，为了综合利用和最终处置，还需对污泥做脱水处理。

污泥脱水的原理是以过滤介质两面的压力差作为推动力，使污泥中水分被强制通过过滤介质，形成滤液；而固体颗粒被截留在介质上，形成泥饼，从而达到脱水的目的，根据压差形成的方式，污泥机械脱水可以分为真空吸滤法和压滤法两种。真空吸滤法是在过滤介质的一面造成负压；压滤脱水是加压污泥把水分压过介质，另外，根据水与固体颗粒密度的不同，也可以采用离心法脱水。离心机高速旋转时，在离心力作用下，使密度不同的泥和水分离。

5. 搅拌设备

搅拌设备是水处理工程中常用设备，主要用于药剂溶解和溶液混合等，也可用于机械混合池和机械絮凝池的混合和絮凝作用。

搅拌装置包括传动装置、搅拌轴、搅拌器等，搅拌器可分为桨式、涡轮式、圆盘涡轮式和推进式。

搅拌装置一般采用钢和不锈钢制造。

6. 气浮设备

气浮设备是向水中加入压缩空气，使空气以高度分散的微小气泡作为载体将水中的悬浮颗粒浮于水面，从而实现固液分离的水处理设备。按照产生气泡的方式不同，气浮设备可分为微孔布气气浮设备、压力溶气气浮设备和电解凝聚气浮设备等多种类型。

7. 投药设备

净水药剂是自来水厂和污水处理厂主要消耗品。投加设备的优劣直接关系到水质、药耗和运行经济。投加方式可以分湿投装置及干投装置，不同投药方式，投药设备也不同。

湿投设备由溶药罐、搅拌系统、计量泵组成，用于水处理工艺中投加絮凝剂、助凝剂等，药液通过计量泵送至投药点。

干投装置用于水处理工艺中投加干粉化学品，例如粉末活性炭、石灰粉等。它依靠电机驱动螺旋杆定量投加。设备主要由螺旋给料器、料斗和手动或自动控制单元组成。

8. 消毒设备

消毒设备在水处理工艺中主要用于自来水以及污水的消毒、同时兼有一定的脱色除臭等作用，也常常用于有机工业废水的氧化处理，目前常用的消毒设备有加氯机、臭氧发生器、二氧化氯发生器、紫外线消毒器等。

9. 过滤设备

过滤设备是用压力或重力将水通过具有一定孔隙的粒状滤料层，依靠机械筛滤、接触絮凝作用，分离水中悬浮物的水处理设备。过滤设备有压力过滤器、纤维过滤器、滚筒过滤器等。

压力过滤器是钢制压力容器，内装粒状滤料及进水和配水系统，容器外设置各种管道和阀门等。压力过滤器在压力下进行过滤，一般采用石英砂或无烟煤作为滤料，滤料可为单层滤料或双层滤料。

纤维过滤器过滤介质为纤维丝，常将纤维丝做成各种形状，以提高过滤效果和过滤精度，适用于去除水中的纤维状悬浮物。

滚筒式过滤器通过旋转滤筒截留水中的悬浮物，一般用于去除水中细小颗粒和纤维类悬浮物，其特点是结构简单，可连续运行，自动排渣。

10. 离子交换设备

采用离子交换树脂去除水中的钙镁离子或各种盐类，达到软化除盐的目的，多用于工业给水。

离子交换器为圆筒形钢制容器，可耐 $30\sim50kPa$ 的压力，内衬橡胶或环氧树脂，以防酸碱腐蚀。

离子交换器内部由排水装置，离子交换树脂层、布水装置和再生液分配装置组成，外部设有各种管道。

离子交换设备按再生方式分为顺流、逆流两种方式；按照运行方式分为固定床和浮动床；按照装填树脂形式又分为单层床和双层床。

11. 膜分离设备

膜分离是指在某种推动力作用下，利用特定膜的透过性能，达到分离水中离子或分子以及某些微粒的目的，膜分离设备有电渗析、反渗透、纳滤、超滤、微滤设备等。

电渗析是指在电场的作用下，利用离子交换膜的选择透过性，进行水的除盐和苦咸水淡化。

反渗透、纳滤、超滤和微滤设备均是以压力为推动力进行水的净化和除盐。其中反渗透膜孔径最小，可以截留去除水中 99％ 以上的溶解性物质。反渗透设备驱动压力高，一般在 1MPa 以上，广泛应用于海水、苦咸水淡化及纯水的制备。

纳滤和超滤膜孔径较反渗透大，其中超滤膜孔径大于纳滤膜可以去除水中悬浮物、胶体、细菌及部分大分子有机物，超滤设备运行压力较低，一般在 0.3MPa 以下，广泛应用于工业用水的初级纯化，工业废水处理、饮料、饮用水处理及医疗、医药用水处理等。

微滤膜孔径最大，一般用于去除水中大颗粒悬浮物，微滤设备运行压力最低，一般在 0.2MPa 以下，广泛用于自来水厂的原水过滤，工业给水预处理和废水处理等。

用于水处理的主要是有机膜，无机膜如陶瓷膜也有采用。

12. 曝气设备

曝气是污水生化处理的关键技术之一，它的作用是向活性污泥反应器提供足够的溶解氧并使活性污泥与污水充分混合、接触。曝气方法主要有鼓风曝气和机械曝气。

鼓风曝气是将带有一定压力的气体通过曝气扩散器，将空气以微小气泡的形式扩散至曝气池中，使气泡中的氧转移到混合液中，与此同时，气泡在混合液中的强烈扩散、搅动、使泥水充分混合。

机械曝气是利用安装在水面的叶轮高速旋转，强烈地搅动水面，造成水与空气接触表面不断更新，使空气中的氧转移到水中，此外，机械曝气还有提升水流的作用，这种曝气器又称为表面曝气器。

6.2.3 给水排水一体化设备

1. 小型一体化净水设备

小型一体化净水设备是以地面水为水源，将混凝、沉淀、过滤三个净化单元合理地组合于同一设备内，再配以加药、消毒即可成为一个完整的小型净水设备，工艺流程如图 6-2 所示，图中虚线内即为小型一体化净水设备。它适用于水量较小，远离城市供水系统以外的区域，也经常用于应急处置，如发生地震，供水中断的场合。一体化净水设备内的混凝、沉淀和过滤单元可根据不同原水水质及处理水量采用不同型式，但原则是：体积小，效率高，例如平流式沉淀池不宜用于一体化净水设备中。一体化净水设备一般为钢制，平面形状可为矩形、椭圆形或圆形，高度取决于工艺布置，一般没有固定规格，尺寸取决于处理水量的大小。

图 6-1 一体化膜处理设备

图 6-1 为一体化膜处理设备。

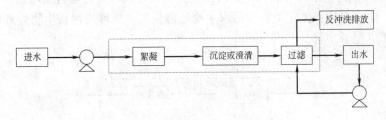

图 6-2 小型一体化净水设备工艺流程图

2. 小型一体化污水处理设备

小型一体化污水处理设备多用于生活污水的处理，常用于分散式的污水处理，如图 6-4 所示。由于生活污水可生化性强，采用生物处理比较经济有效，故基本都采用生物处理工艺。小型一体化污水处理设备主要有以下 3 种。

（1）压力式生物处理设备

压力式污水生物处理设备是将污水调节池、初沉池、接触氧化池、二沉池及好氧污泥消化池集中在一个设备中，配以消毒即成为一个完整的污水处理设备。工艺流程如图 6-3 所示，虚线内为一体化压力式污水生物处理装置。压力式污水生物处理装置为钢制容器，平面形状呈长方形。

（2）间歇式生物处理设备

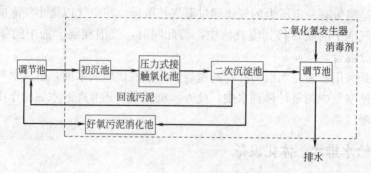

图 6-3　压力式一体化污水生物处理工艺流程图

图 6-4　一体化污水处理设备

间歇式生物处理装置采用 SBR 工艺使进水、反应、沉淀、排水和空载排泥五个工序依次在一个 SBR 反应池中周期性进行，采用全自动操作。该装置具有耐冲击负荷，运行可靠、运行费用低，能除磷脱氮等特点。适用于处理生活污水和其他类似的有机废水。间歇式生物处理装置为钢制容器，形状呈方形。工艺流程如图 6-5 所示，虚线内为一体化间歇式生物处理设备。

（3）地埋式生物处理设备

地埋式污水生物处理装置采用悬浮型生物填料作生物载体，生物量大，易挂膜、不易堵塞；污泥吸附池利用剩余污泥的活性吸附进水有机质，同时兼作污泥池和浓缩池。该装置在去除有机物的同时，具有脱氮除磷功能，剩余污泥量少，处理效率高，运行费用低。工艺流程如图 6-6 所示，虚线内为一体化地埋式污水生物处理装置。地埋式污水生物处理装置为钢制容器，平面形状呈长方形。

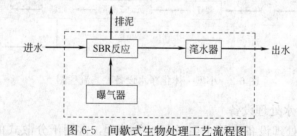

图 6-5　间歇式生物处理工艺流程图

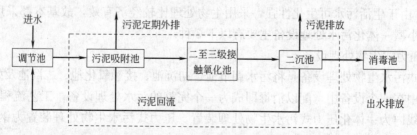

图 6-6　地埋式污水生物处理工艺流程图

6.2.4 给水排水设备发展新方向

随着我国对饮用水水质要求和污水排放标准的提高，对水处理水平也提出了更高的要求。给水排水工艺的改进和先进技术的涌现，推动了给水排水设备的迅速发展，涌现了一大批新技术和新设备，主要体现在以下几个方面：

（1）设备化。以前多采用混凝土池来完成的某些功能，现在采用设备，比如过滤，过去常采用砂滤池，滤速小、占地面积大，现在则可采用过滤设备，如纤维球过滤器，滤速高，冲洗方便、占地面积小。

（2）集成化。一种设备综合了以前多种设备的功能。比如以前需要分别设置污泥浓缩、脱水两种设备来完成污泥浓缩脱水功能，现在可以由污泥浓缩脱水机单独完成；以前需要分别采用溶药池和加矾泵，现在可以由成套的加矾设备来代替，采用集成技术，体积小、重量轻、使用方便，环境卫生好。

（3）新型化。随着新技术、新材料的不断涌现，给水排水设备的发展也是日新月异，如膜过滤，从以前的有机膜发展到金属膜；分离装置从板式膜到中空纤维式膜分离装置。以前采用普通碳钢的设备或部件，现在开始采用不锈钢材料，大大地提高了产品耐用性能和可靠性，保证了产品的使用功能。

6.3 给水排水水质检测

6.3.1 水质检测项目

水质检测目的是为水处理工艺过程的控制提供依据，并保证处理后的水质达到预期的要求和规定的水质标准，掌握水处理设备的运行状况。我国针对不同用途的用水和排水制定、颁布了一系列强制性的水质标准和规范文件，用于规定生活饮用水、工业用水、农业用水、以及不同污水处理后的排放水中的各种水质参数限值和相应的检测方法。

水质检测结果，不但在水处理工艺过程的控制，而且在水环境评价、水处理工艺设计、污水资源化利用、选择水处理设备等方面，也是不可或缺的重要参数。

水质检测项目随着水源水质污染，科学技术的发展以及当代对水质要求的提高而不断完善和逐渐增加。例如，我国饮用水卫生标准就经历了 5 次修订，污水排放标准也经历 3 次修订，而且有些省份或地区结合本地经济发展及环境容量限制因素等具体需求，也相应制定了比国标更为严格的地方标准。2015 年国家颁布《水污染防治行动计划》，将水环境治理全面提升到保障国家水安全层面，相关饮用水卫生标准和污水排放标准将会随之进一步提升。

具体的水质检测项目、检测要求及指标限值一般体现在国家、行业主管部门或地方政府根据不同用途颁布的各种水质标准中。由于不同类型水质的处理目的不同，水质检测项目中采用的水质参数、限值、检测方法以及仪器设备也有所不同。例如，我国《生活饮用水卫生标准》GB 5749—2006 中，检测总项目达 106 个。其中常规指标 42 项，非常规指标 64 项。前者为每个城市供水厂必测项目；后者为当地县级以上供水行政主管部门和卫生行政部门协商确定检测项目。水质检测方法均按 GB/T 5750 执行。同样，《城镇污水处理厂污染物排放标准》GB 18918—2002，根据污染物的来源及性质，将污染物控制项目分为基本控制项目和选择控制项目两类，检测项目共计 62 个。其中，基本控制项目主要包括影响水环境和城镇污水处理厂一般处理工艺可以去除的常规污染物，以及部分一类污染物，共 19 项；选择控制项目包括对环境有较长期影响或毒性较大的污染物，共 43 项。基本控制项目必须执行。选择控制项目，由地方环保行政主管部门根据污水处理厂接纳的工业污染物类别和水环境质量要求选择控制。

因为检测方法不同，所得结果可能有差别。故在规定检测项目和指标限值的同时，也统一规定了检测方法。

在水质检测项目中，有些是直接测定某一具体物质含量，如水中铁、锰、锌、四氯化碳、三氯乙烯等；有些是测定能直接或间接反映某种水质特性的替代参数（或综合参数），如水的浑浊度、色度、总溶解性固体、生化需氧量（BOD）等。在水处理中，替代参数应用比较广泛，它具有检测方便，能综合反映水的某种物理、化学或生物学特性的优点。主要水质替代参数及其主要替代对象见表 6-3。

主要水质替代参数及其主要替代对象说明　　　　　　　　　　表 6-3

替代参数名称	主要替代对象说明
浑浊度	反映水中悬浮物和胶体含量
色度	反映水中发色物质含量(包括无机和有机物)
臭和味	反映水中产生臭和味的物质含量
pH	反映水中的酸、碱性程度
电阻率	反映水中溶解离子的含量
电导率	反映水中溶解离子的含量,是电阻率的倒数
硬度	主要反映水中钙、镁离子的含量
碱度	主要反映水中重碳酸盐、碳酸盐和氢氧化物含量
总溶解性固体(TDS)	表明水中全部溶解性无机离子总量
生化需氧量(BOD)	反映水中可生物降解的有机物含量
化学需氧量(COD)	反映水中可化学氧化的有机物含量
总有机碳(TOC)	反映水中含碳有机物总量
紫外吸收值(UV_{254})	反映水中有机物含量,与 TOC 有一定相关性
总需氧量(TOD)	反映水中需氧有机物和还原性无机物含量
总大肠杆菌群	反映水中病原菌存在状况
活性炭氯仿萃取物(CCE)	反映水中有机物含量

应当指出，上述替代参数中，有些替代参数虽然反映的是同一类物质含量，但由于测定方法不同或采用的试剂不同，所得的测定值和具体物质也有所不同。例如：COD、BOD 和 UV_{254}，虽然均可反映水中有机物含量，但 BOD 仅反映可生物降解部分的有机物含量；UV_{254} 主要反映在紫外区有强烈吸收的有机物（如芳香烃类）含量；COD 主要反映 $K_2Cr_2O_7$（重铬酸钾）或 $KMnO_4$（高锰酸钾）可氧化的有机物含量，同时测定时因受到能被 $K_2Cr_2O_7$ 或 $KMnO_4$ 氧化的生物难降解有机物和部分无机物干扰，因而 COD 值一般高于 BOD 值。又如，TDS 可直接表明水中全部溶解离子含量（哪些离子并不清楚），而电阻或电导率则间接反映水中溶解离子含量，两者之间存在一定相关性。

6.3.2 水质检测方法

水质检测方法主要分为化学检测法、仪器检测法、生物检测法三大类，其中仪器检测法又分为实验室检测和在线检测。

随着科学技术发展，从化学检测法为主要分析手段到广泛采用现代化分析仪器，水质检测手段发生了巨大变化。虽然在水质的常规分析项目中，化学检测方法仍然发挥重要作用，但是在大多数有机污染物检测、微量甚至痕量污染物质检测、给水排水工艺过程中水质控制的自动检测、以及应付水污染突发事件的快速检测等问题上，仪器检测法逐渐占据主要地位。水质检测过程从人工采样、手工操作分析，到人工采样、进样、仪器自动分析，及目前部分检测可以做到采样、进样、分析、数据处理全部自动化。水质分析的精度（检出限值），可以从 mg/L（毫克/升）到 μg/L（微克/升）直至 ng/L（纳克/升）数量级。基于卫生与安全，饮用水的生物检测一直沿用菌落数量检测方法，并更加严格控制总大肠菌群指标。但是在水环境监测方面，随生物遗传信息分析技术的发展，急性生物毒性、生物危害型的测定及评价方法已经应用于受污染水源的生物风险评价。

（1）化学检测法

化学检测法是以化学反应为基础的水质检测方法。它是将水中被测物质（水样或试样中的物质）与另一种已知成分、性质和含量的物质（称试剂）发生化学反应，从而产生具有特殊性质的新物质，由此确定水中被测物质的存在以及它的组成、性质和含量。这类方法主要有滴定分析法（根据反应不同可分成 4 类）和重量分析法（根据分离方法不同亦可分成 4 类），详见表 6-4。

主要水质化学检测方法及分类 表 6-4

水质化学检测方法分类	水质化学检测方法	水质化学检测方法分类	水质化学检测方法
滴定法	酸碱滴定法 沉淀滴定法 络合滴定法 氧化还原滴定法	重量分析法	气化法 （又称为挥发法） 沉淀法 电解法 萃取法

由于化学反应方程和反应原理清晰，水质化学检测法通过参加反应物质分子量计算可以得到满意的定量结果；并且化学检测法历史悠久，操作程序标准，检测方法手工操作为主，易于掌握，广泛用于水质常规分析项目的检测。甚至有些仪器检测仍然采用化学检测法的原理和过程，只是将手工检测过程与数据分析、计算过程全部自动化，减少了人为误差。例如，化学需氧量（COD）自动在线检测设备。

由于分析方法和设备检测精度制约，化学检测法的检测范围受到限制。尤其对于水中大部分有机物，以及微量、痕量元素或物质的定性或定量检测。

表 6-4 所列的几种方法，将在《水分析化学》或水质检测等有关教材中详细介绍，所涉及的主要基础学科是化学。虽然近代仪器检测法的出现和发展，使水质检测范围扩大、精度提高、操作方便、更加快捷。但是，在环保监测部门、供水厂、污水处理厂等水质检测分析室，化学检测法仍然是不可或缺的常规检测手段。例如，水中化学需氧量（COD）的测定，采用氧化还原滴定法；水的硬度的测定，采用络合滴定法；水中总溶解性固体

（TDS）的测定，采用气化法；等等。

（2）仪器检测法

仪器检测法是采用成套的物理仪器，利用水样中被测物质的物理性质（如光、电、磁、热或声的性质）或物理化学性质，来测定水中物质成分及其含量。根据操作方式，仪器检测法可以分为实验室检测和在线自动检测。仪器检测所采用的设备，很多采用高新技术研制，有的价格昂贵，需要专职、专业的高级技术人员操作和管理。

实验室检测方式具有检测项目齐全，检测精度高等特点。例如，采用等离子发射光谱-质谱法（ICP-MS）测定水中多种离子，其检测精度可达 ng/L。由于水样采集的不连续性，实验室检测数据仅反映水样采集时刻的瞬时值，数据的代表性与采样时段代表性、采样操作、样本保存、预处理操作等紧密相关。

在线自动检测方式具有实时检测水质，自动记录、自动统计检测数据、并利用现代通信方式实时传递检测、分析和统计的结果，检测数据可以反映水质连续变化。由于检测水体中的各种成分复杂，干扰严重，很多具体物质检测项目需要对水样进行富集、分离、掩蔽等预处理，给在线自动检测带来一系列困难。因此，水质在线自动检测主要测定水质综合指标（替代参数）的项目较多，具体物质含量测定项目较少。

对于实际水质监测工作，实验室检测和在线自动检测两种方式具有很好的互补性。水质的仪器检测主要方法及分类参见表 6-5 和表 6-6。

主要水质仪器检测方法及分类　　　　表 6-5

仪器检测方法分类	仪器检测方法	仪器检测方法分类	仪器检测方法
光学分析法	比色法 吸收光谱法（或分光光度法） 发射光谱法 火焰光度法 荧光分析法 原子吸收光谱法 比浊法	色谱分析法	气相色谱法 液相色谱法 离子色谱法
电化学分析法	电位分析法 电导分析法 库仑分析法 极谱分析法	色谱/质谱联用法 （GC/MS 联用法）	气相色谱/质谱法 液相色谱/质谱法 气相色谱/核磁共振法

水质主要在线自动检测项目及国标推荐的方法　　　　表 6-6

水质在线检测主要项目	国标推荐的方法
水温	热敏电阻、铂电阻（或热电偶）法
pH	玻璃电极法（带温度补偿功能）
电导率	电导分析法（带温度补偿功能）
溶解氧	膜电极法（带温度补偿功能） 荧光分析法（带温度补偿功能）
浊度	透过散射和表面散射方式光电法
UV$_{254}$	紫外吸收光度法
耗氧量（COD$_{Mn}$法）	高锰酸钾氧化法＋自动微量滴定技术

续表

水质在线检测主要项目	国标推荐的方法
氨氮	纳氏试剂分光光度法 电极法（带温度补偿功能） 膜浓缩-电导率法
总有机碳 （TOC）	燃烧氧化-红外吸收法 紫外催化氧化-红外吸收法
总磷	钼锑抗分光光度法
总氮	过硫酸钾氧化-紫外分光光度法
化学需氧量（COD）	重铬酸钾氧化法，检测方法可采用光度法、化学滴定法、库仑滴定法
石油类	三波长红外光度法 非分散红外法 荧光分析法
生化需氧量（BOD）	微生物膜电极传感器快速测定法
重金属铬、铅、镉等	将国标仪器检测方法自动化

表 6-5 中所列的检测方法，有的能测水中多种物质。例如，吸收光谱法利用被测物质对光的选择性吸收，根据光谱来测定水中物质的成分和含量，是给水排水处理中应用最广泛的检测方法之一。水中的 Fe^{2+}、Ca^{2+}、酚和氨氮等均可采用吸收光谱法测定。色谱/质谱联用法（GC/MS 联用法）可测水中多种有机物，如采用吹脱捕集 GC/MS 联用法测定挥发性有机物（VOCs）；用液-液萃取或微固相萃取 GC/MS 联用法测定半挥发性有机物（S-VOCs）等。

表 6-6 是国家环境保护总局主编的《水和废水监测分析方法》规定对特定水质指标（或物质）采用的在线自动检测方法。可以对一种检测指标（或物质）采用一种以上检测方法。如水中氨氮的在线自动测定可用纳氏试剂分光光度法、电极法或膜浓缩-电导率法。

近年来仪器检测法发展迅速，大部分可以与计算机联用，实现自动检测、自动分析检测的数据，大大减少了人为操作误差。例如，化学需氧量（COD）的测定，人工测定需要经历采样、取样、配制标准液、加热、滴定、计算等多道手工操作程序，每道程序操作精度和累计误差会因人、因时而异；在线自动检测能有效避免不同人工操作造成的测定差异问题，因为机械操作根据设定程序执行，可以保证精度，机械操作的偏差可以通过标定调整、消除。图 6-7 是某污水处理厂进水段监测仪器小屋中设置的 COD 在线自动检测仪器的控制面板照片。

应当指出，采用仪器检测法，应根据水质特点，被测物质种类、含量、检测精度要求等，选择合适的检测仪器和操作方法。例如：根据《生活饮用水卫生标准》GB 5749—2006 中对重金属镉和铅的限定指标，检测这两种物质在自来水样品中是否超标，必须采用石墨炉原子吸收分光光度法。虽然检测水中重金属镉和铅的方法有直接吸入火焰原子吸收分光光度法、等离子发射光谱法、石墨炉原子吸收分光光度法等多种方法，但是前两种方法的最低检出限值（灵敏度）均高于 GB 5749—2006 对重金属镉和铅指标的限定值，因此不能采用。

对用于给水排水工艺过程评价或上报政府有关部门的，国家强制性标准中规定的水质指标，一般安装在线自动检测仪器必须满足政府有关部门监测要求：安装的仪器设备必须

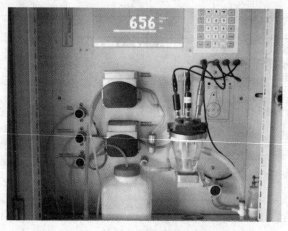

图 6-7 COD 在线检测仪控制面板

是国家有关部门计量审查认证的产品，仪器采用的检测方法必须是国标推荐方法。例如：化学需氧量（COD）在线自动检测仪器国标推荐的检测方法是重铬酸钾法及配套自动测定可采用光度法、化学滴定法或恒电流库仑法。虽然化学需氧量（COD）检测还可以采用简单、快速、维护成本低的 UV 法、TOC 法等仪器，但是这些仪器测定的结果需要通过国标推荐标准法标定后，确定换算系数，才可以通过计算机得到换算的测定值。这种通过换算系数确定化学需氧量（COD）方法还在探讨和论证过程中，尚需通过国家有关部门计量审查认证。因此，这些仪器检测数据的换算值仅可以作为给水排水工艺过程控制的内部参数，而不宜作为给水排水工艺过程评价或上报政府有关部门的检测参数。

在线检测仪表有两种方式，一种是在现场设置检测探头，然后采用信号变送器将实时检测信号转变为 4～20mA 电流信号，通过屏蔽电缆输送到监控室。另一种是在现场设置连续自动采样器，将水样通过专用管道送到监测站室内安置的在线检测仪器系统进行自动监测、记录、信息传输。由于需要考虑检测数据的实时代表性，监测站一般尽量靠近监测水体建设，检测信息可以通过网络或卫星传送到监测中心。图 6-8 是广东番禺某监测站室内的多种在线检测仪器组合布置实例。

图 6-8 某监测站室内在线检测仪器组合布置实例

（3）生物检测法

水是微生物生存繁殖的天然环境，不论是地表水或地下水，甚至雨水或雪水，都含有多种微生物。当水体受到人、畜粪便、生活污水或某些工业废水污染时，水中微生物的数量可大量增加。根据历史经验，微生物指标超标，很容易引发传染性肠道疾病，包括世界卫生组织和很多国家的饮用水卫生标准，都将微生物指标放在第一位。但是直接检测水中各种病原微生物，方法较复杂，有的难度大，而且检测结果为阴性也不能保证绝对安全。参考世界卫生组织和很多国家的饮用水卫生标准，结合我国大量预防医学研究成果和相关检测方法的可操作性，国家《生活饮用水卫生标准》GB 5749—2006 规定了常规检测项目为：单位水体积中的菌落总数，作为粪便污染指示菌的总大肠菌群，以及耐热大肠菌群（粪大肠菌群）和大肠埃希氏菌。还有两种原虫，即贾第鞭毛虫（giardia）和隐孢子虫（crytosporidium），同属于微生物指标，列入非常规检测项目。我国规定的微生物项目和检测方法见表 6-7。

我国规定的微生物项目和检测方法　　　　表 6-7

项 目 分 类	微生物项目	国标规定的检测方法
常规检测项目	总大肠菌群	多管发酵法 滤膜法 酶底物法
	耐热大肠菌群	多管发酵法 滤膜法
	大肠埃希菌	多管发酵法 滤膜法 酶底物法
	菌落总数	平皿计数法
非常规检测项目	贾第鞭毛虫 隐孢子虫	免疫磁分离荧光抗体法 免疫磁分离荧光抗体法

上述微生物项目中，总大肠菌群指标相对比较重要。水中含有细菌总数与水污染状况有一定关系，但是不能直接说明是否有病原微生物存在。国家《生活饮用水卫生标准》GB 5749—2006 规定总大肠菌群不得检出，如果检出，即表示水体曾受到粪便污染，有可能存在肠道病原微生物。那么该水在卫生学上是不安全的。

6.4　给水排水工艺过程检测和控制

6.4.1　给水排水系统过程检测

给水排水工艺过程检测的目的主要是为了保证给水排水工艺过程运行正常，为生产操作、运行控制以及管理提供依据。给水排水工艺过程检测主要包括：水力特性参数的检测；气体特性参数检测；其他工艺参数检测，见表 6-8。

给水排水工艺过程主要检测项目及仪器和设备　　　　表 6-8

工艺过程检测项目分类	检测项目	检测仪器或设备
水力特性参数检测	流　　量	明渠系统:三角堰、巴氏槽、宽顶堰、文丘里计量堰等; 管道系统:超声波流量计、电磁流量计、压差式流量计、转子流量计、计量水表
	流　　速	在线式超声波测速仪
	水　　压	水压表 水压变送器
	水　　位	无控制自动水位开关:浮球阀式、浮球式、悬臂式、升降式、固定式水位开关; 水位变送器:超声波式、电容式、激光式
气体特性参数检测	气体流量	涡轮式气体流量变送器 超声波气体流量变送器
	气　　压	气压表或空气压力变送器
	溶解氧(DO)	在线溶解氧测定仪、便携式溶解氧测定仪

续表

工艺过程检测项目分类	检测项目	检测仪器或设备
其他工艺参数检测	污泥界面	超声波污泥界面仪、光电式污泥界面仪
	污泥浓度	超声波污泥浓度仪、光电式污泥浓度仪
	絮凝过程	流动电流(SCD)检测仪
	氧化还原电位(ORP)	在线式氧化还原电位仪
	pH	在线式pH计
	微小颗粒	在线式颗粒计数仪
	浊　度	在线式浊度仪

"其他工艺参数"除表6-8中所列的几种参数外，根据给水排水工艺过程特点，还可以有其他参数。图6-9为某污水处理厂水解酸化池上安装的ORP和DO在线检测仪器的信号变送器实例；图6-10为某污水处理厂好氧段曝气池上安装的污泥浓度和DO在线检测仪器的信号变送器实例。

图6-9　水解酸化池上ORP和DO在线　　　　图6-10　污泥浓度和DO在线检测仪器的
检测仪器的信号变送器安装实例　　　　　　　　　信号变送器安装实例

给水排水工艺过程检测结果可及时反映设备的运行状态，向中央控制系统提供整个给水排水系统工艺设备的控制参数和运行保护。例如：

(1) 对设备动力传动部位采用温度变送器进行实时监测。设备的机电运行温度是否正常关系到系统的安全问题。检测仪器与控制系统连接，出现温度突变时可以采取保护动作，按程序退出运行状态并及时报警。

(2) 对设备动力系统采用电流、电压变送器进行实时监测，可以在电流、电压出现过载情况下，采取保护动作，按程序退出运行状态并及时报警。

(3) 对给水排水系统某些单元过程的转动设备的转动速度进行实时监测。转速信号变送器可将转动设备运行是否正常的监测信息传输到中央控制室。

(4) 中央控制室还可以对所有动力设备运行时间，进行自动累积统计，并根据设备设定的运行检修时间，作出保养和定期维修提示。

给水排水工艺系统的运行除应对各个单元过程实施监测之外，还必须对整个系统进行统一的监测，包括对备用系统状态的监测。对设备运行和备用状态的监测，除上述参数检

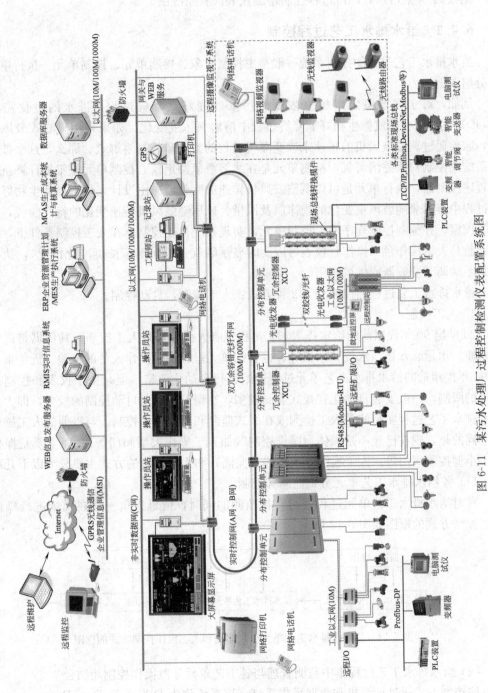

图 6-11 某污水处理厂过程控制检测仪表配置系统图

测之外，还可以辅以实时图像监测，声音传输监测等。对备用系统的监测还可以实行自动交替运行的方式，使每台设备都具有轮流维护保养的时间。

图 6-11 为某污水处理厂过程控制检测仪表配置系统图。

6.4.2　给水排水工艺过程控制

给水排水工艺过程的控制系统一般是由控制对象、检测单元、控制单元、执行单元几部分组成。

例如，对于需要恒定溶解氧浓度的污水处理好氧曝气过程，进水的生化需氧量（BOD）波动，会造成微生物好氧降解过程中溶解氧浓度变化。如果采用离心式鼓风机供氧，需要通过调整鼓风机的转速来改变曝气过程的鼓风量控制溶解氧。那么，这个鼓风曝气系统的控制对象是溶解氧，检测单元是在线溶解氧测定仪，控制单元是工控计算机或可编程序控制器，执行单元是可以调整鼓风机转速的变频器。由设计人员根据微生物好氧降解过程中溶解氧随鼓风量变化的规律以及风量、风压随鼓风机转速变化的特性曲线，建立数学模型，并编制控制程序输入控制单元，实现系统自动控制。在人工控制条件下，控制单元就是人工操作台（操作台仪表可以实时显示曝气过程溶解氧浓度变化情况），执行单元是手动调节变频器或供风阀门。

给水排水工艺过程的控制分为 2 种方式：人工控制，自动控制。

1. 人工控制

20 世纪 90 年代以前的给水排水工艺过程控制大部分都是人工控制，其依据是进出水的水质、水量、水压、水位和余氯等，也有的单元过程是凭操作人员的经验。近年来，一些 90 年代建造的给水排水工艺单元过程开始实行自动化改造。但是由于仪表和控制技术条件的限制，一般安装自动化在线式监测较多，实现工艺单元自动控制的较少，即大多数给水排水工艺过程实行的是人工检测或在线式监测和人工操作控制。与以前的人工操作控制不同的是，现在已经不是强体力操作控制（如人工操作大型阀门等），而主要是操作按钮、小型控制阀门等。人工检测（或在线式监测）和人工控制的方式主要分为以下几种：

（1）各给水排水工艺单元分别监测和控制

在对给水排水工艺单元过程进行直接监测的同时，值班人员一般在现场进行操作控制。控制方式的框图如图 6-12 所示。

图 6-12　各给水排水工艺单元分别监测和人工操作控制方式的框图

（2）给水排水工艺过程集中监测管理与各工艺单元分散操作控制相结合

该控制方式通过计算机和数据采集系统（该系统称为 DPS 系统-Data Processing System）对在线式检测仪表的参数进行采集处理，由计算机对工艺过程参数进行巡回检测，并对其进行处理分析记录以及参数越线报警等。但是，计算机不直接参与过程控制，而是操作人员根据检测数据的计算机处理结果进行操作控制。

采用这种控制方式可以通过计算机 DPS 系统数据积累，逐步获得给水排水工艺系统运行的统计规律，建立给水排水工艺过程的数学模型。在自动控制发展的初始阶段，该控制方式累积的操作控制数据，对于进一步进行计算机控制系统设计和调试控制程序具有重要的指导意义。控制方式的框图如图 6-13 所示。

人工检测或在线式监测与计算机数据处理系统和人工操作控制结合的控制方式，实际上是给水排水工艺过程控制技术发展的一种过渡方式。在统计资料比较完整的条件下，新建的系统基本上都采用自动控制。

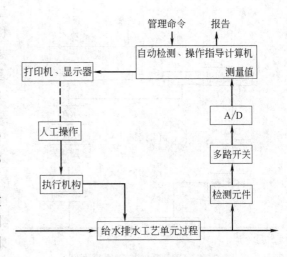

图 6-13　DPS 监视与各工艺单元人工操作控制方式框图

2. 自动控制

随着微电子、仪器仪表与自动化技术的迅速发展，许多现代科学技术的新成就越来越多地渗透到给水排水工艺过程的各个部分，各种先进的自动检测、自动控制技术与设备已在各个给水排水工艺单元以至整个给水排水工艺系统获得不同程度的应用，并逐渐成为给水排水工艺系统不可缺少的组成部分和高效优化运行的重要保障。自动控制已经是给水排水工艺系统控制现代化的一个标志。

例如，在污水处理领域发展迅速的 ICA（Instrument，Control and Automation）技术，即仪表、控制和自动化技术在全球范围的应用现状显示：

在硬件方面，仪表技术已经更加成熟，复杂的仪表已经在现场普遍应用；变频控制器已经广泛应用于水泵和鼓风机自动控制；各种工控计算机功能十分强大，已经不再是控制系统的限制因素。

在控制理论和自动化技术方面，建立了可以识别不同控制方法的基准；开发了评价不同控制策略性能的一些新型工具，具有数据获取和污水处理厂监控功能的软件包，即 SCADAS（Supervisory Control and Data Acquisition Systems），并建立了多变量统计和软计算方法的数据加工工具。

自动化应用技术方面，已经开发许多单元控制的高级动态模型，关于污水处理厂动态特性的商业化模拟器也投入市场；操作人员和管理工程师在仪表、计算机和自动控制方面获得良好培训；为了降低系统运行能耗，提高效率，ICA 技术已经作为污水处理厂建设的一个新标准。

现在应用于给水排水工艺系统的自动控制技术主要分为以下几种形式。

（1）直接数字控制系统

直接数字控制系统简称 DDC（Direct Digital Control）系统。该系统由被控制对象（过程或装置）、检测仪表、执行机构（通常为阀门或泵）和计算机组成。工作时采用一台计算机对多个被控参数进行巡回检测，再将检测值与设定值进行比较，并按已定的控制模

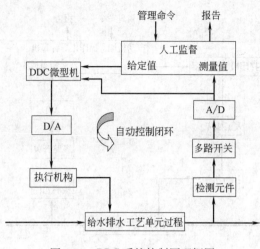

图 6-14　DDC 系统控制原理框图

型进行计算，然后将调整指令输出到执行机构对被控制对象进行控制，使被控制参数稳定在设定值的允许误差范围内。DDC 系统控制原理如图 6-14 所示。

DDC 系统第一个特点是由计算机参与了直接控制，系统经计算机构成了闭环。第二个特点是设定值是预先设定好输入计算机内的，控制过程中不变化。

DDC 系统利用了计算机的数据处理能力，一台计算机可以取代多个模拟调节器，比较经济。另外采用 DDC 系统不必更换硬件，只要改变程序就可以实现各种复杂的控制方案（如串级、前馈、解耦、大滞后补偿等）。因此，DDC 系统得到了广泛应用。

　　例如，给水处理工艺中，采集进水浊度、流量变化信息的前馈式混凝剂投加控制系统就是一个典型 DDC 系统。这个系统的控制对象是混凝剂投加量，检测单元是在线浊度测定仪和流量计，控制单元是 DDC 微型计算机，执行单元是投加混凝剂的计量泵。

　　前述污水处理好氧曝气过程的溶解氧控制系统也是一个典型的 DDC 系统。

　　（2）计算机监督控制系统

　　计算机监督控制系统简称 SCC（Supervisory Computer Control）系统，又称设定值控制 SPC（Set Point Control）系统。其系统的实用结构形式分为两种，一种是 SCC＋模拟调节器；另一种是 SCC＋DDC 控制系统。系统控制原理如图 6-15 所示。

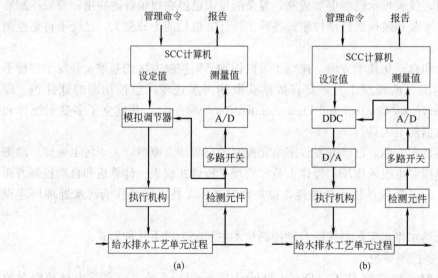

图 6-15　SCC 系统原理框图

（a）SCC＋模拟调节器控制系统原理框图；（b）SCC＋DDC 控制系统原理框图

SCC 系统在运行状态下，通过计算机监督系统不断检测被控制对象的参数，并根据给定的工艺参数、管理指令和控制模型计算出最优设定值，同时输出到模拟调节器或 DDC 计算机控制单元过程，从而使给水排水工艺过程处于最优工作状况。

SCC 系统较 DDC 系统更接近被控制过程变化的实际情况，它不仅可以进行设定值的控制，同时还可以进行顺序控制、最优控制与自适应控制等。与 DDC 系统相比，SCC 系统的可靠性更好。

（3）分布式控制系统

分布式控制系统简称 DCS（Distributed Control System），又称为"集散型控制系统"。DCS 是 20 世纪 70 年代发展起来的大系统理论，也被称为第三代控制理论。由于给水排水工艺过程比较复杂，设备分布很广，其中各单元过程和各设备同时运行，而且基本上是独立运行，因此控制系统比较复杂。大系统理论是把一个状态变量数目很多的大系统分解为若干个子系统，以便于处理。该理论以整个大系统的优化为目标。因为整个系统的优化并不完全等于各个子系统的分别优化的简单叠加。

DCS 是以微型计算机为主的连接结构，主要考虑信息的存取方法、传输延迟时间、信息吞吐量、网络扩展的灵活性、可靠性与投资等因素。常见结构形式有：分级式、完全互连式、网状（部分互连式）、星状、总线式、共享存储器式、开关转换式、环形、无线电网状等。给水排水工艺系统最常用的分级结构式如图 6-16 所示，也被称为主从结构式或树形结构式。

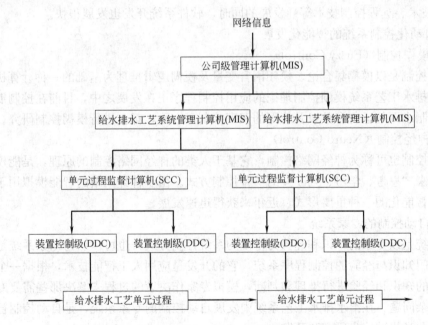

图 6-16 集散式（DCS）控制系统原理框图

给水排水工艺系统 DCS 分级式结构一般分为三级，即整个给水排水工艺系统生产管理级（MIS 级）、给水排水工艺单元过程监督控制级（SCC 级）以及单体构筑物或设备小闭环直接数字控制级（DDC 级）。

DCS 具有控制功能和控制位置的高度分散性，监测和控制操作的高度集中性，系统模块化组成，设计、开发和维护简便，具有远程通信功能，系统可靠性高等特点。在给水排水系统中，DCS 是国际上目前最先进的控制方式之一。

（4）IPC＋PLC 控制系统

该系统是由工业计算机（IPC）和可编程序控制器（PLC）组成的分布控制系统，可以实现 DCS 的初级功能。由于 IPC＋PLC 系统的性能已达到 DCS 的要求，而价格比 DCS 低得多且开发方便，在目前国内给水处理自动化控制中应用比较广泛。

（5）数据采集和监控系统

数据采集和监控系统简称 SCADAS（Supervisory Control and Data Acquisition Systems）系统，是由一个主控站（MTU）和若干个远程终端站（RTU）组成。该系统联网通信功能较强。通信方式可以采用无线、微波、同轴电缆、光缆、双绞线等，监测的点多，控制功能强。由于该系统侧重于监测和少量的控制，一般适用于被测点的地域分布较广以及分级监视和控制的场合，如供水和排水管网的无线（有线）调度系统和工艺系统变得越来越复杂的污水处理厂等。

6.4.3　给水排水系统自动控制的新发展

给水排水工艺系统自动化控制技术，近十年来硬件的发展速度加快，同时也为相应的软件开发提供了条件。随着给水排水工艺理论的深入研究和广泛实践，许多给水排水工艺系统长期积累的运行参数为给水排水工艺系统控制理论的发展提供了依据。因此，在硬件（如网络技术、远程控制技术等）发展的同时，软件系统开发也发展很快。

1. 自动化控制系统的智能化发展

（1）模糊控制（Fuzzy Control）

模糊控制是以模糊集合论、模糊语言变量及模糊逻辑推理为基础的一种计算机数字控制。给水排水工艺系统模糊控制理论的应用控制程序正在发展之中，目前在控制混凝剂投加量、控制水泵的运行台数以及管网的调度控制等方面，都在进行模糊控制研究。

（2）神经控制（Neuro Control）

神经控制也可称为神经网络控制，它基于人类的神经网络控制的原理，是能模拟人的思考方式来"思考、学习、判断"的一种控制方式。由于神经网络的智能模拟用于控制是实现控制智能化的一种重要形式，近年来获得迅速发展。

（3）自动控制的专家系统

该系统是以专家的知识和经验为基础的系统控制方式，也可以认为专家系统是一个具有大量专门知识与经验的控制程序系统。它的开发是应用人工智能技术，根据一个或多个专家提供的知识和经验进行推理和判断，模拟专家作决策的过程来解决那些需要专家才能决定的复杂问题。在给水排水工艺系统中发展自动控制的专家系统，是自动控制智能化的高级阶段，尚待进一步研究和开发。

此外，还有多个控制方式组合的复合控制系统等。

2. 自动控制系统的网络化发展

自动控制系统正向多元化方向发展，各种控制单元可以通过网络联结，并通过计算机进行大范围的综合管理和调度。网络技术和硬件设备的发展为实现给水排水工艺系统控制网络化提供了条件，互联网技术的发展使远程异地控制和管理的现代化成为可能。

第7章 水工程施工与经济概述

7.1 概 述

水工程施工是研究有效地建造水工程构筑物、管道、设备的理论、方法和施工机具的应用性学科。主要包括三部分内容：水工程施工技术与常用设备安装；水工程施工组织与概（预）算；水工程项目建设管理。

水工程经济是运用工程学和经济学的方法，在有限资源的条件下，对水工程多种可行方案进行评价和决策，最终确定满意方案的新型学科。其内容主要包括：工程经济学基础；水工程建设项目估算；水工程经济分析与评价等。

随着我国水资源的短缺、水污染状况日趋严重的形势下，为了保证我国水行业的可持续发展，必须规范农业、工业、居民等诸方面的合理用水，节约用水，保护水环境，防治水污染，由此产生了与水有关的法律法规——水工程法规。其内容主要包括水环境质量、水工程设施、水工程管理的基本原则、基本规定、基本制度，水工程的法规体系及相关法规的基本精神。

7.2 水工程构筑物的施工技术

7.2.1 土石方工程

大多数情况下，水工程施工首先是土石方工程施工。其主要内容包括：

1. 场地平整

土石方工程的平整工作首先应按设计的要求和现场的地貌现状，进行土石方量的计算并编制土方的平衡调配图表，然后利用施工机械进行土方的平衡调配施工。同时，应进行回填土的选择与填筑。回填土的选择与填筑方式应注意其组成与含水量，以保证回填的密实度要求。

2. 管道沟槽及建筑物、构筑物基坑的开挖

沟槽及构筑物基坑的开挖，首先必须确定开挖断面形式，计算开挖的土方量；然后，选择开挖的方法。开挖时应特别注意安全，尤其应避免和防止边坡塌方、流砂、涌水、滑坡等情况。

3. 沟槽及基坑支撑

沟槽及基坑边壁的支撑是一种防止土壁坍塌的临时性挡土结构，一般由木材或钢材做成。它可减少土方开挖量和施工占地面积，但会增加材料的消耗量和影响后续工作的操作。支撑结构施工时应满足：牢固可靠，安全；用料省；便于支设和拆除及后续工作的

进行。

4. 土石方爆破施工

在地下和水下工程开挖、坚硬土层或岩石的破除以及在清除现场的障碍物及冻土开掘中，常采用爆破施工。进行爆破作业时，应特别注意人身、生产设备及建筑物等的安全，包括爆破器材贮存和运送的安全等。

7.2.2　基础处理及施工排水

1. 地基基础处理

在工程实际中，常常遇到一些软弱土层，在软弱地基土上直接修建构筑物或敷设管道是不安全的，因此往往需要对地基进行加固处理。以改善土的剪切性能；降低软弱土的压缩性，减少基础的沉降或不均匀沉降，提高基础的承载能力；改善土的透水性、动力特性等。地基基础处理的常用方法有：换地基土、挤密与振密、碾压与夯实等。

2. 施工排水

为了保证施工的正常进行，防止土壁坍塌和地基承载力下降，必须做好施工区的排水工作。施工排水包括排出地下自由水（主要为潜水）、地表水和雨（雪）水。施工排水的方法主要有明沟排水和人工降低地下水位两类。

7.2.3　钢筋混凝土工程

钢筋混凝土结构广泛用于水工程的建筑物、构筑物及管道中。因此，在水工程施工中，钢筋混凝土工程占相当大的比例。钢筋混凝土结构可以现场整体浇筑，也可以是装配式预制构件。前者的整体性好、抗渗和抗震性较强、钢筋消耗量较低、不需大型起重运输机械等，但模板材料消耗量大、劳动强度高、现场运量较大、建设周期一般也较长。后者由于可实行工厂化、机械化施工，可以减轻劳动强度、提高劳动生产率，为保证工程质量、降低成本、加快施工速度、改善现场施工管理和组织提供了条件。

钢筋混凝土工程由钢筋工程、模板工程和混凝土工程组成。

1. 钢筋工程

指将混凝土内部的钢筋加工、安装成型的过程。主要是按设计要求的钢筋品种、截面大小、长度、数量以及形状，进行钢筋的制备和安装。钢筋的制备包括钢筋的配料、加工、钢筋骨架的成型等施工过程，往往在钢筋车间内进行。钢筋配料是指钢筋下料长度和钢筋代换等的确定；钢筋加工包括冷处理、调直、剪断、弯曲和焊接等。钢筋焊接方法常用的有对焊、点焊、电弧焊、接触电渣焊、埋弧焊等。它们都可以代替手工绑扎用于钢筋的连接与成型，以改善结构受力性能，节约钢材和提高工效。钢筋的安装应保证钢筋位置正确，保证钢筋有规定厚度的保护层等。

2. 模板工程

指在钢筋混凝土结构中，为保证浇筑的混凝土按设计要求成型并承受其荷载的模型结构（模板）施工与安装过程。模板通常由模型板和支架两部分组成，其施工、安装（支设）过程应符合下述规定：各部分的形状、尺寸和相互位置应符合设计要求；有足够的承载力、刚度和稳定性，能可靠地承受混凝土拌合物的重量和侧压力以及在施工过程中所产生的荷载；结构简单、装拆方便、能多次使用，便于后续工序的操作；模型板的接缝应严密、不漏浆。

模板依其材料不同分为木模板、钢模板、钢木组合模板等；按施工方法不同分为拼装式、滑升式、移拉式等。目前，大量采用的是定型模板及支撑工具，它可使模板制作工厂化、节约材料、提高工效等。模板拆除应在混凝土达到必要的强度后才能进行。拆下的模板应清理干净、板面涂油、分类堆放，以利再用。

3. 混凝土工程

包括混凝土的制备、浇筑、养护以及质量检测等。水工程中常用的混凝土为水泥混凝土，一般由水泥、砂、石、水（必要时还需掺入外加剂等）组成。水泥是一种无机粉状水硬性胶凝材料，加水拌合后，在常温和水中经物理化学过程（水化反应、凝结、硬化），使可塑性浆体变成坚硬的石状体。

混凝土中常用的水泥是硅酸盐类水泥。水工程中也常用特种水泥，如快硬硅酸盐水泥、膨胀水泥等。混凝土施工时用砂、石和水应符合有关规定，不得含有能影响混凝土质量的有害杂质。外加剂的掺入能改善混凝土的性能，加速工程进度或节约水泥用量。常用的外加剂有：早强剂、减水剂、速凝剂、缓凝剂、抗冻剂、加气剂等，视对混凝土的要求而定。

混凝土施工包括混凝土组成材料的拌合、拌合物的运输、浇筑入模、密实成型以及养护等过程。混凝土拌合物应具备适宜的和易性，混凝土制品应能达到设计所需的强度和抗渗、抗冻等指标。

混凝土的质量检查，原则上采用施工全过程检查，包括材料检查、坍落度检查、混凝土试块检验等。当形成成品后，应对其外观进行检查。对于贮水或水处理构筑物，还应进行渗漏检查（满水试验、闭气试验等）。

7.3 水工程室外管道施工

水工程管道施工包括给水管道系统和排水管道系统的施工，下管、稳管、接口、质量检查与验收等程序。有时，管道需穿越铁路、河流、其他障碍物等，此时，应采用特殊的施工方法。

1. 下管和稳管

当管道沟槽开挖、管道地基检查、管材与配件等工作完成后，就应开始进行下管作业。稳管是将沟槽内的管道按设计高程与平面位置稳定在地基或基础上。

2. 连接

承插式铸铁管的接口分刚性和柔性两类。刚性接口常用填料为：麻—石棉水泥、麻—膨胀水泥砂浆、麻—铅、橡胶圈—膨胀水泥砂浆等；柔性接口常用橡胶圈作填料，橡胶圈的截面形状常常与管材配套。填塞橡胶圈时，应防止橡胶圈受损而漏水。对于无承插口的管道，常采用套环连接。钢管管道的连接常采用焊接、法兰连接、丝口连接以及各种柔性接口。塑料类管道的连接常用热熔连接，法兰连接、丝扣连接等。

3. 节点施工

给水管道节点的施工应正确选用管件，并尽可能减少接口数量。阀门井、水表井一般采用砖、石、混凝土或钢筋混凝土砌筑。

7.3.1　室外排水管渠系统施工

室外排水管渠系统一般由排水管道或排水渠道以及各类井室组成。排水管道系统的施工类同于给水管道系统的施工，只是因为排水管道的机械强度比给水管道低，所以施工中应注意不要损坏管段，特别不要损坏管端。排水渠道则通常采用砖、石、混凝土或钢筋混凝土砌筑。由于排水管（渠）道中的水流一般为重力流，因此施工中应满足坡度要求。

排水管渠系统除了排水管（渠）道外，为保证系统正常进行，还应有检查井、跌水井、排气井、消能井、排除口等。它们一般都由砖、条石、毛石、混凝土或钢筋混凝土等材料做成。其具体做法应按设计要求或标准图集规定进行。

7.3.2　管道的防腐、防震与保温施工

1. 防腐

安装在地下的管道均会受到酸、碱、盐以及电化学腐蚀，使管道遭受破坏。防止管道腐蚀的方法主要分为覆盖式防腐处理和电化学防腐法两类。覆盖式防腐处理用于防止管道外腐蚀和内腐蚀。防止管道外腐蚀通常采用涂刷油漆、包裹沥青防腐层等方法；防止管道内腐蚀一般采用涂刷内衬材料，如水泥砂浆、聚合物改性水泥砂浆等。电化学防腐法主要采用排流法、阴极保护法等。

2. 防震

管道的防震是防止管道或管道接口被地震或其他振动破坏。采用的措施有：

（1）管材选择上，应考虑抗震能力强的球墨铸铁管、预（自）应力钢筋混凝土管等；

（2）设置柔性接口，以适应管道线路的变形、消除管道应力集中的现象；

（3）架空管道应架设在设防标准高于抗震设防烈度的构筑物、建筑物上，并应有防止管道坠落的措施；

（4）提高砌体、混凝土的整体性、抗震性等。

必要时，应根据地震烈度、振动的强度以及管材、管道接口形式、工程地质条件等验算沿管道轴向和垂直于轴向的变形。

3. 保温

当管道内外的温度差较大时，为了保证管内水的温度、减少热损失，在管道的外表面设置隔热层。隔热层由防锈层、保温层、防潮层以及保护层组成。其中，保温层是保温结构的主要部分，应选用导热系数很小的材料，如硅藻土、珍珠岩、矿渣棉、玻璃棉等；防潮层能防止水蒸气或雨水渗入保温层，常用不透水材料做成；保护层能保护保温层和防潮层不受机械损伤，常用有一定机械强度的材料做成；同时，在保护层表面应涂刷油漆或识别标志。

7.3.3　管道的特殊施工及质量检验

当水工程管道通过障碍物时，其施工方法应视具体条件与要求，采用诸如不开槽施工、架空管桥施工、倒虹管施工、围堰法施工等一些特殊的施工方法。这些施工方法将在以后的"水工程施工"课程中详细介绍。

管道系统施工完成后应进行质量检查。质量检查包括外观检查、管道断面检查、接口

严密性检查以及其他检查等。

外观检查主要应检查管道基础、管材、接口外观、节点组成及位置、附属构筑物形式及位置等。管道断面检查主要检查管道的高程、位置，对于排水管道还应检查其坡度。

管道接口严密性检查分为：压力流管道的水压试验分为预试验和主试验阶段，以允许压力降值、允许渗水量值来判断试验合格与否；重力流管道一般采用闭水试验或闭气试验进行其严密性试验。

对于生活饮用水管道，管内冲洗与消毒处理完毕后，进行管内水质检查。包括色、臭、浊度、有害物质、细菌含量、大肠杆菌数等。

7.4 水工程室内管道及设备安装施工

7.4.1 室内给水排水管道系统施工

1. 管道的加工与连接

在室内给水排水管道系统中，常用的管材主要有钢管、铸铁管、铜管、塑料管以及复合管等。管材的选择应注意满足管内水压所需的强度，并保证管内水质等要求。

（1）建筑物内部常用的钢管有无缝钢管、焊接钢管、热浸镀锌焊接钢管、钢板卷焊管等。钢管的公称直径常采用 $DN15 \sim DN450$。常用的连接方法有焊接、螺纹连接、法兰连接、沟槽式（卡箍）连接。

（2）室内采用的铸铁管按其用途可分为：给水铸铁管和排水铸铁管。给水铸铁管同7.3节。排水铸铁管比给水铸铁管的管壁薄，价格低。常分为普通排水铸铁承插管及柔性抗震承插排水铸铁管。排水铸铁管的公称直径只有 $DN50$、$DN75$、$DN100$、$DN125$、$DN150$、$DN200$ 六个规格。除上面两种排水管外还有平口排水铸铁管。排水承插铸铁管常采用承插连接，排水平口铸铁管常采用不锈钢带套接。

（3）建筑给水排水用铜管主要是拉制薄壁紫铜管，常用的连接方式有氧气—乙炔气铜焊焊接、承插口钎焊连接、法兰连接、管件螺纹连接等。

（4）室内给水排水用塑料管有：硬聚氯乙烯塑料管（UPVC管）、聚乙烯塑料管（PE管）、聚丙烯塑料管（PP管）、聚丁烯塑料管（PB管）等。塑料管的连接主要有热熔或热风焊接连接、法兰连接、粘结连接、管件丝接等。连接时应注意不同管材的热膨胀量的影响。

（5）复合管包括钢塑复合管、铝塑复合管、金属管道内衬或喷涂塑料等，兼有金属管和塑料管的优点。连接方法主要有卡箍连接、管件连接、法兰连接、管件锁母压紧连接等。

（6）薄壁不锈钢管具有安全卫生、强度高、耐蚀性好、坚固耐用、寿命长、免维护、美观等特点，应采用耐水中氯离子的不锈钢型号。目前薄壁不锈钢管的连接方式多样，常见的管件类型有压缩式、卡凸式、卡压式、环压式、承插氩弧焊式、沟槽式、法兰式、锥螺纹连接及焊接与传统连接相结合的派生系列连接方式。

2. 室内给水管道系统施工

（1）室内给水排水系统施工首先为引入管的敷设，应特别注意其位置及埋深满足设计要求；穿越地下室或地下构筑物外墙时，应设刚性防水套管或柔性防水套管。

（2）室内给水管道的敷设。根据建筑对卫生、美观方面的要求，室内管道一般分明装和暗装两种方式。管道安装时若遇到多种管道交叉，应按照小管道让大管道、压力流管道让重力流管道、阀件少的管道让阀件多的管道等原则进行避让；镀锌钢管连接时，对破坏的镀锌层表面及管螺纹露出部分应做防腐处理；塑料管的安装应考虑管道的热膨胀，安装补偿装置；管道穿过墙、梁、板时应加套管，并应在土建施工时预留套管或孔洞。建筑物内部给水管道安装完毕后并在未隐蔽之前进行管道水压试验。饮用水管道在使用前应进行消毒。消毒后再用饮用水冲洗，并经有关部门取样检验水质合格后，方可使用。

（3）消防设施安装：室内消火栓一般采用丝扣连接在消防管道上，并将消火栓装入消防箱内，安装时栓口应朝外。室外消火栓分地上式和地下式安装，其连接方式一般为承插连接或法兰连接。水泵接合器分地上式、地下式和墙壁式三种安装形式，一般采用法兰连接。自动喷水灭火设施管道一般采用螺纹连接或法兰连接等连接方法，管道安装应有一定的坡度坡向立管或泄水装置。消防给水管上的阀门应有明显的启闭显示。

3. 室内排水管道系统施工

建筑物内部排水系统的任务是将室内各用水点所产生的生活、生产污（废）水以及降落在屋面的雨、雪水，收集、汇流集中，排入室外排水管网。

建筑物内部排水管道系统安装的施工顺序一般是先做地下管线，即安装排出管，然后安装立管和支管或悬吊管，最后安装卫生器具或雨水斗。建筑物内部排水管道及管件多为定型产品，所以在连接前应进行质量检查，实物排列和核实尺寸、坡度，以便准确下料。排水管道安装的坡度大小应符合设计或有关规定的要求，坡度均匀、不产生突变现象。

排出管穿过房屋基础或地下室墙壁时应预留孔洞或防水套管，并做好防水处理。通气管穿出屋面时，应特别注意处理好屋面和管道接触处的防水。雨水斗与屋面连接处必须做好防水。建筑雨水排出管上不能有其他任何排水管接入。

建筑内部排水管道安装完毕后必须进行质量检查，检查合格后方可进行隐蔽或油漆等工作。质量检查包括外观检查和灌水试验。排水管道要求接口严密、美观，接口填料密实饱满、均匀、平整。排水管的防腐层应完整。灌水试验应在暗管道隐蔽前进行。

7.4.2 室内管道系统附件及卫生器具安装

1. 阀门

阀门的连接方式一般可分为法兰连接、螺纹连接和对夹连接。对闸阀、蝶阀、旋塞阀、球阀等，阀门安装时不考虑安装方向；而对截止阀、止回阀、吸水底阀、减压阀、疏水阀等阀门，安装时必须使水流方向与阀门标注方向一致。螺纹连接安装的阀门一般应伴装一个活接头，法兰连接、对夹连接等安装的阀门宜伴装一个伸缩接头，以利于阀门的拆、装。

2. 仪表

常用的仪表包括水表、压力表、温度计等。水表的连接方式有螺纹连接（$DN \leqslant 50mm$）、法兰连接（$DN > 80mm$）。安装水表时应注意水表上箭头所示方向与水流方向相同，并配以合适的阀门；应保证水表前后有一定长度的直管段；当水表可能发生反转而影响计量和损坏水表时，水表下游则应安装止回阀。压力表安装在便于吹洗和便于观察的地方，并应防止压力表受辐射热、冰冻和振动。温度计安装在检修、观察方便和不受机械损坏的位置，并能正确地代表被测水的温度，避免外界物质或气体对温度标尺部分加热或冷却。液位计常安装在敞口或密闭容器上显示容器内的液位。

3. 卫生器具

卫生器具是收集和排除生活及生产中所产生的污水、废水的设备。卫生器具的安装一般应在室内装饰工程施工之后进行。安装前应检查给水管和排水管的留口位置、留口形式；检查其他预埋件的位置、尺寸及数量是否符合要求。成排卫生器具安装时其连接管应均匀一致、弯曲形状相同。卫生器具固定及连接完成后应进行试水，并采用保护措施，防止卫生器具损坏或脏物掉入而造成堵塞等。

7.4.3　设备及自控系统安装

水工程中所采用的设备及自控系统是水工程重要的组成部分，它的安装质量好坏对整个系统的运行、设备的寿命、管理及维护等诸多方面起着重要的作用。

水工程所采用的设备多，专用性强，根据各自的用途大致可分为加压、搅拌、投药、消毒、换热、过滤、曝气等设备。不管哪种设备，在安装前必须按照设计图纸或设备安装技术说明书，配合土建施工做好预留孔洞及预埋铁件等工作，以便顺利地进行安装。

1. 水泵安装

水泵是给水排水工程常用的机械设备。水泵的形式种类很多，在给水排水工程中常用的有单级（多级）离心泵、深井泵、潜水泵、污水泵、杂质泵等。

离心式水泵安装的流程为：水泵基础施工、安装前准备、水泵安装、动力机安装、试运转。水泵基础大多采用混凝土基础，基础尺寸必须符合设计图的要求。浇筑时必须一次浇成，捣实，并应防止地脚螺栓或其预留孔模板歪斜、位移及上浮等现象发生。安装前的准备包括水泵检查、原动机检查、管路检查、混凝土基础检查等内容。机泵安装一般先安装底座，利用垫铁来调整底座的水平与标高，并用它来增加机组在基础上的稳定性。底座的加工面应安装水平，使其纵向（轴向）、横向（水泵进出口方向）的误差均不大于 0.1/1000mm。同时安置减振器或减振垫。水泵安装时应找正，包括水泵中心线找正、水平找正及标高找正。找正后再调用水平尺检查是否有变动，如无变动便可进行电动机安装。

电动机的安装以已经安装好的水泵为标准。由于传动方式的不同，对电动机安装的要求也不同。采用联轴器直接连接传动时，要求水泵轴与电动机轴在一条水平直线上（即同心），同时两联轴器之间应保持一定的间隙。电动机与水泵采用皮带传动时，电动机安装除了要求水平外，主要是电动机与水泵的轴线要互相平行，两皮带轮的宽度中心线在一条直线上。高程等安装应符合规定要求。

其他泵的安装与离心泵安装大致相同。在水泵安装完毕后，应进行进、出口管道及附属设备安装。

在水泵机组安装完毕后，机组应在设计负荷下连续试运转不少于 2h。

2. 其他设备安装

（1）通风机安装。风机安装前应根据设备清单核对其规格、型号和零配件是否齐全。冷却塔上的风机，由于叶片尺寸大，往往采用现场组装。一般中、小型风机都是整机安装。

（2）空气压缩机安装。空气压缩机整机安装方法大致同水泵的安装。无负荷试运转时持续 4～8h；有负荷试运转时，逐渐增加排气压力，并在公称压力下连续运转 4～8h。

3. 自动控制系统安装

（1）仪表安装。水工程常用的探测器和传感器往往都结合组装成取源仪表。常用的取源仪表有流量计、液位计、压力计、温度计、浊度仪、余氯仪等。取源仪表的取源部件安装可与工艺设备制造、工艺管道预制或管道安装同时进行；取源仪表一般安装在测量准确、具有代表性、操作维修方便、不易受机械损伤的位置上。需观察的仪表安装高度宜在地面上 1.2～1.5m 处，传感器应尽可能靠近取样点附近垂直安装。室外安装时应有保护措施，防止雨淋、日晒等。取源仪表的接线端子及电器元件等应有保护措施，防止腐蚀、浸水；连接应严密，不能疏漏。

（2）自动控制设备安装前，应将各元件可能带有的静电用接地金属线放电。一般，安装地点应距离高压设备或高压线路 20m 以上，否则应采取隔离措施。对于输入负载 CPU 和 I/C 单元等应尽可能采用单独电源供电。

（3）控制电缆铺设前应按设计要求选用电缆的规格、型号，必要时应进行控制电缆质量检验，以防输送信号减弱或外界干扰。控制电缆应与电源电缆分开，且电源电缆应单独设置。控制电缆铺设时，每一段电缆的两端必须装有统一编制的电缆号号卡，以利于安装接线和维护识别。每一电缆号在整个系统中应是唯一的。

（4）自动控制系统安装后应进行调试，调试前应对所有前阶段的工作进行检查，完毕后进行模拟测试。自动控制系统软件的调试必须在所有硬件设备调试完毕的基础上进行，首先进行子系统调试，最后进行总体调试。

7.5　水工程施工组织

7.5.1　施工组织与计划

施工组织管理是按照施工生产的客观规律，运用先进的生产管理理论和方法，合理地计划与组织人力、物质、机械、技术与资金，有效地利用时间和空间，科学地安排施工顺序，合理地拟订施工方案，保证工程施工的全过程达到优质、低耗、高效和安全的目标。

（1）施工组织管理的主要内容　按照工程施工程序，施工组织的内容主要包括：落实施工任务、进行施工准备、按计划组织施工、竣工验收及交付使用等。

（2）施工组织设计　施工组织设计是由施工单位编制来指导拟建工程进行施工的技术经济文件，是施工技术组织准备工作的重点和加强管理的重要措施。其主要任务是：规定最合理的施工程序，正确制订工程进度计划，确定合理的施工方法和技术组织措施，做到均衡施工，合理布置施工现场，拟订保证工程质量、降低成本、确保施工安全和防火的各项措施等。其主要内容包括：工程概况和特点分析，施工方案选择，施工进度计划编制，各种资源需要量计划编制，施工（总）平面图编制等。

7.5.2　工程项目建设管理

工程项目建设管理包括施工企业生产经营管理、工程招标投标、工程建设监理等内容。

1. 基本建设程序

基本建设是指国民经济各部门的固定资产扩大再生产的建设。包括大型、中型和小型项目的新建、扩建、改建和恢复固定资产过程。当以货币形式表现基本建设各项工作活动的工作量时，称为基本建设投资。基本建设投资分为生产性建设投资及非生产性建设投资，包括建筑工程投资、设备安装工程投资、工器具购置投资和工程建设其他投资等。基本建设程序是指在工程项目建设全过程中，各项工作必须遵循的先后顺序，详见图 7-1。

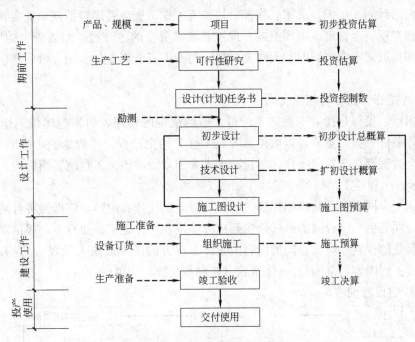

图 7-1　基本建设程序示意框图

2. 施工企业生产经营管理

施工企业是指在基本建设中从事各类工程项目的建造、设备安装和构配件生产的物质生产部门。企业的生产经营管理包括生产过程管理和流通过程管理。在施工企业生产经营管理中，起关键性作用的是生产目标管理和生产要素管理。

（1）生产目标管理，包括计划管理、质量管理和成本管理。

计划管理可以概括为：在市场分析研究和经营决策的基础上，依据信息反馈，进行计划的制订、计划的执行、计划的检查控制和计划的调整修订。同时，计划管理中必须设定一系列相互联系而又独立的计划指标（如：总产值、劳动生产率、成本、利润总额、材料消耗量等）。

质量是企业的生命，是实现最佳经济活动总目标的先决条件。全面质量管理的含义是对工程建设全过程进行质量管理。在全过程进行质量管理中，应注意建立质量保证体系，形成有明确任务、职责、权限，相互协调的有机整体，通过计划、实施、检查和处理这四个环节把生产经营过程的质量管理活动有机地联系起来。

成本管理的目的是在保证质量、工期的前提下，降低施工费用，提高企业利润。

（2）生产要素管理，包括技术、材料、施工机械设备、劳动和资金的管理。

技术管理要求企业建立技术责任制体系，规定各类人员的、机构的技术职责范围；编制和执行技术组织措施计划；检查技术管理指标的达标情况。材料管理的原则是保证供应、降低消耗、减少储备等。施工机械设备管理应保证机械设备经常处于良好的技术状态，有计划、有重点地对现有机械设备进行技术改造和革新，建立健全机械设备的物质运动形态和资金运动形态管理，组织机务职工的技术培训等。劳动管理应做好劳动力计划、提高劳动生产率，加强劳动纪律，搞好职工的招收录取及培训提高，做好安全生产和劳动保护等方面的计划、组织、决策、指挥、协调等工作。资金管理包括流动资金管理、固定资金管理和专项资金管理。原则上应合理控制流动资金的占有量，缩短资金的周转时间，正确计算和提取固定资产折旧和大修理资金，对专项资金应专款专用。做到严格管理、节约使用。

3. 工程招标、投标与施工合同

工程招标、投标是指对工程施工任务，按照规定的程序，由发包单位邀请各承包单位，在平等条件下参与竞争，以取得工程施工任务的全过程。一般地说，为了保证公平、公正，整个过程都是全封闭操作，尽量减少人为因素的渗入。工程施工招标的一般程序如图 7-2 所示。工程施工投标的一般程序如图 7-3 所示。

工程施工合同的签订是将招标确定的各项原则、任务和内容，依据经济合同法及建筑工程承包合同条例，以合同的形式落实到招标单位和中标施工企业双方，规定双方应负的责任和应享受的权利。施工合同的内容由主体（双方的法人或法人代表）、施工合同的依据、客体（工程内容和范围）、具体条款（权利与义务）等组成。

4. 工程建设监理

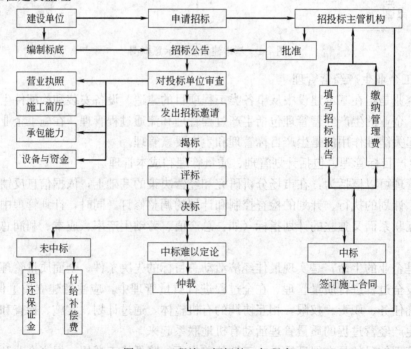

图 7-2　工程施工招标的一般程序

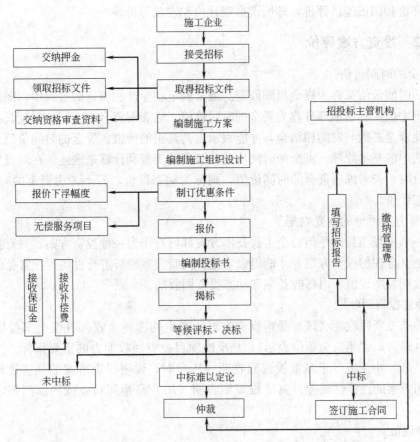

图 7-3　工程施工投标的一般程序

工程建设监理是指监理单位受项目法人的委托，依据国家批准的工程项目建设文件、有关工程建设的法律、法规和工程建设监理合同及其他工程建设合同，对工程建设施工实施的全过程监督管理。其主要内容是控制工程建设的投资、建设工期和工程质量，并进行工程建设合同管理及协调有关单位之间的工作关系。

7.6　水工程经济

7.6.1　水工程经济内涵

工程技术具有两重性，即技术性和经济性。而技术的先进性与经济的合理性之间又存在着一定的矛盾。在当时、当地的条件下采用哪一种技术才合适，显然不是单纯的技术先进与否所能够决定的，还必须通过其带来的经济效益的计算和比较才能决定。

工程经济学的研究对象是工程项目的经济性。这里所说的项目是指投入一定资源的计划、规划和方案并可进行分析和评价的独立单位。因此工程项目的含义是很广泛的，它可以是一个拟建中的工厂、车间；也可以是一项技术革新或改造的计划；可以是设备、甚至设备中某一部件的更换方案；还可以是一项巨大的水利枢纽或交通设施。

水工程经济是用工程经济学的观点，研究水工程项目的经济性并进行经济评价，包括企业财务评价和国民经济评价，即所谓微观评价和宏观评价。

7.6.2 投资方案评价

1. 资金的时间价值

资金的时间价值又称为资金报酬原理。通常资金在生产和流通的过程中，随着时间的推移能产生增值，其增值部分称为资金的时间价值。它表明资金在不同的时期具有不同的价值，因此资金必须与时间相结合，才能表示出其真正的价值。资金的时间价值是工程经济分析方法中的基本原理。资金的时间价值一般借助于复利计算来表述。在对投资方案进行经济评价时，若考虑了资金的时间价值，则称为动态评价，若不考虑资金的时间价值，则称为静态评价。

2. 投资方案评价的主要判据

任何一个工程项目或任何一个工程技术方案都可看作为一种投资方案。只有技术上可行，经济上又合理的投资方案，才能得以实施。判断方案经济可行性的判据常见的有：静态投资回收期、净现值、内部收益率和动态投资回收期。

(1) 静态投资回收期

所谓静态投资回收期（P_t）是指投资方案所产生的净现金收入补偿全部投资需要的时间长度（通常以"年"为单位表示），是反映项目投资回收能力的重要指标。当静态投资回收期（P_t）小于或等于基准投资回收期（P_c）时，说明投资方案的经济性较好；反之，则说明方案的经济性较差。基准投资回收期（P_c）是指同行业或同部门规定的投资回收期。

(2) 净现值

净现值（NPV）简称现值。净现值的经济含义是指任何投资方案（或项目）在整个寿命期（或计算期）内，把不同时间上发生的净现金流量，通过某个规定的利率 i，统一折算到投资方案开始实施时（零年）的现值，然后求其代数和。这样就可以用一个单一的数字来反映工程技术方案（或项目）的经济性。

如果 NPV（i_c）$\geqslant 0$，说明投资方案的获利能力达到了同行业或同部门规定的利率 i_c 的要求，方案经济性较好，因而在财务上是可以考虑接受的。

如果 NPV（i_c）< 0，说明投资方案的获利能力没有达到同行业或同部门规定的利率 i_c 的要求，方案经济性较差，因而方案在财务上不太可取。

(3) 内部收益率

内部收益率（IRR）是一个被广泛采用的投资方案评价判据之一，它是指方案（或项目）在寿命期（或计算期）内使各年净现金流量的净现值累计等于零时的利率。用 IRR 表示。

如果 $IRR \geqslant i_c$，则说明方案的经济性较好；若 $IRR < i_c$，则方案的经济性较差。

(4) 动态投资回收期

前面介绍的静态投资回收期 P_t 未全面考虑资金的时间价值。动态投资回收期则是指在某一设定的基准收益率 i_c 的前提下，从投资活动起点算起，项目（或方案）各年净现金流量的累计净现值补偿全部投资所需的时间，用 P_t' 表示。在项目方案评价中，动态投资回收期（P_t'）与基准投资回收期 P_c 相比较，若 $P_t' \leqslant P_c$，则说明项目的经济性较好。

3. 投资方案的比较与选择

在项目可行性研究中，由于技术的进步，在实现某种目标时往往会形成多个方案。因此，必须对提出的各种可能方案进行筛选，并对筛选出的几个方案进行经济计算，再将拟建项目的工程、技术、经济、环境、政治及社会等各方面因素联系起来进行综合评价，选择最佳方案。

（1）投资方案分类

众所周知，方案之间的关系不同，其选择的方法和结论也不同。根据方案间的关系，可以将投资方案分为四种类型：独立方案、互斥方案、从属方案和混合方案。

所谓独立方案，是指方案间互不干扰，即一个方案的执行不影响另一些方案的执行，在选择方案时可以任意组合，直到资源得到充分运用为止；所谓互斥方案，就是在若干个方案中，选择其中任何一个方案，则其他方案就必然是被排斥的一组方案；所谓从属方案，是指接受某个方案以接受另一个方案为前提，则前者为后者的从属方案；混合方案，是指以上三种方案的不同组合方案。

（2）方案的比较原则

投资方案的比较一般应遵守：投资方案间必须具有可比性；动态分析与静态分析相结合，以动态分析为主；定量分析与定性分析相结合，以定量分析为主；宏观效益分析与微观效益分析相结合，以宏观效益分析为主四个原则。

（3）方案的比较方法

投资方案的比较方法有：静态差额投资收益率法、静态差额投资回收期法、计算费用法，这都属于静态分析法；动态分析法常用的有：净现值法、年值比较法、差额投资内部收益率法、效益费用法、最低价格法等。

7.6.3 工程项目财务分析

1. 财务分析的目的和作用

财务分析是指在国家现行财税制度和价格体系的条件下，计算项目范围内的效益和费用，分析项目的盈利能力、清偿能力，以考察项目在财务上的可行性。财务分析的作用在于确定拟建项目所需的投资额，解决项目资金的可能渠道，安排恰当的用款计划和选择适宜的筹资方案；衡量项目投产后的财务盈利能力、清偿能力，权衡国家或地方对于水工程这类公用事业型非盈利项目或微利项目的财政补偿或实行减免税等经济优惠措施，或者其他弥补亏损，保障正常运营的措施。

2. 财务分析的内容

项目财务分析主要包括下述内容：

（1）基础资料分析：主要是对项目（或方案）的投资估算、资金筹措、成本费用、销售收入、销售税金及附加以及借款还本利息计算表等辅助报表进行分析计算。

（2）财务盈利能力分析：主要是针对基础报表中的现金流量表、利润与利润损益表等进行分析，并计算财务盈利能力及评价指标。

（3）财务清偿能力分析：主要是针对基础报表中的财务计划现金流量表、资产负债表等进行分析，并计算资金平衡能力、财务清偿能力及财务比率。

（4）外汇平衡分析：主要是针对基本报表中的财务外汇平衡表进行分析，并计算有外汇收支的项目（或方案）在计算期内各年外汇余缺程度。

3. 建设项目总投资

建设项目总投资是指拟建项目从筹建到竣工验收以及试车投产的全部费用，简称投资费用或投资总额，有时也简称"投资"，它包括建设投资（固定投资）和流动资金两部分。计算总投资的目的是保证项目建设和生产经营活动的正常进行。从企业财务角度讲，这些投资将形成企业的固定资产、无形资产、其他资产和流动资产。建设项目总投资构成中，固定投资是建设项目总投资的主要组成部分。固定资产投资远远大于无形资产和其他资产投资。因此，目前对建设项目总投资的构成往往采用图 7-4 的形式表示。

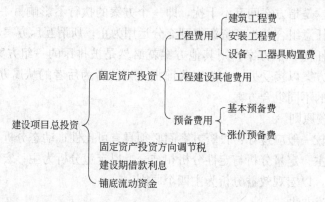

图 7-4　建设项目总投资构成简图

4. 资金筹措

建设项目资金筹措方案是在项目投资估算确定的资金总需要量的基础上，按投资使用计划所确定的资金使用安排，进行项目资金来源、筹资方式、资金结构、筹资风险及资金使用计划等工作。水工程建设项目所需的资金总额由自有资金、赠款和借入资金（负债资金）三部分组成。其资金结构包括政府、银行、企业、个体、外商等方面的资金；投资方式包括联合投资、中外合资、企业独资等多种形式；资金来源包括自有资金、拨款资金、贷款资金、利用外资等多种渠道。

自有资金是指企业投资者缴付的出资额，企业有权支配使用、按规定可用于固定投资的资金和流动资金。赠款是指国家及地方政府、社会团体或个人等赠予企业的货币或实物等财产，它可增加企业的资产。借入资金（负债资金）亦指企业向外筹措资金，是以企业名义从金融机构和资金市场借入，且需要偿还的资金，包括长期借款、短期借款。为了让投资者有风险投资的意识，国家对建设项目的自有资金一般规定有最低的数额或比例，而且还规定了资本金筹集到位的期限，并规定在整个生产经营期间内不得任意抽走。

5. 收入、成本和费用

投资项目建成并投入生产经营后，投资者最关心的是尽可能快地收回投资并获取尽可能多的盈利。因此，首先应明确基于哪些内容以及通过什么途径才能估算出投资的收益。按现行的财务会计制度，水工程企业单位在生产经营期的收入和利润的核算关系如图 7-5 所示。

（1）销售收入

销售收入是指企业销售产品或者提供劳务等取得的收入，它是企业生产经营阶段的主

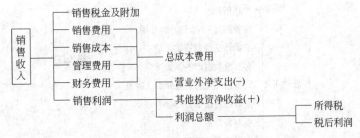

图 7-5　收入、成本和费用关系图

要收入来源。

（2）销售税金及附加

销售税金及附加是指企业生产经营期内因销售产品而发生的消费税、增值税、资源税、土地增值税、城市维护建设税和教育费附加等。

（3）总成本费用与经营成本如图 7-6 所示。

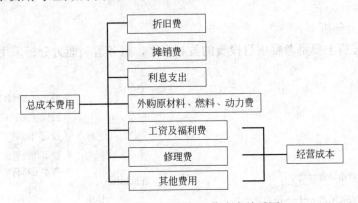

图 7-6　总成本费用与经营成本关系图

$$总成本费用＝可变成本＋固定成本$$
$$可变成本＝外购原材料、燃料、动力费＋利息支出＋其他费用$$
$$固定成本＝折旧费＋摊销费＋工资及福利费＋修理费$$

（4）所得税及利润分配

利润是企业经营成果的体现，也是重要的财务指标。

$$销售利润＝销售收入－销售税金及附加－总成本费用$$
$$＝营业外净支出（－）＋其他投资净收益（＋）＋利润总额$$
$$利润总额＝所得税＋税后利润$$

税后利润按图 7-7 的顺序进行分配。

（5）折旧费及摊销费

折旧费和摊销费是总成本费用的组成部分。是通过会计手段，把以前发生的一次性支出在运行年度（或月份）中进行分摊，并逐年回收。

折旧费是固定资产在使用寿命期内，以折旧的形式列入产品的总成本中，逐年摊还固定资产投资。

摊销费是指无形资产和其他资产等一次性投入费用的摊销。也就是说将这些资产在使

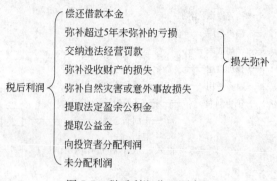

图 7-7　税后利润分配顺序

用中损耗的价值转入成本费用中去。在一定期间（摊销年限）平均摊销完。

（6）流动资金

流动资金是指维持生产所占用的全部周转资金。流动资产、流动资金与流动负债的关系如图 7-8 所示。

6. 盈利能力分析

盈利能力分析主要是考察项目投资的盈利水平，财务盈利能力分析采用的评价指标如图 7-9 所示。

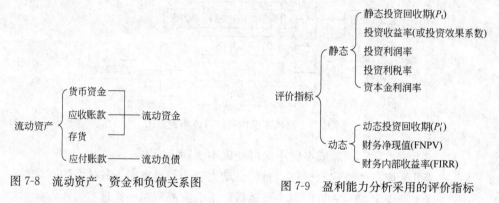

图 7-8　流动资产、资金和负债关系图　　　　图 7-9　盈利能力分析采用的评价指标

7. 清偿能力分析

项目的清偿能力分析是在盈利能力分析的基础上，进一步考核项目各个阶段的资金是否充裕，项目的总体负债水平、清偿长期债务及短期债务的能力，为信贷决策提供依据。

（1）项目各年度作为资金的平衡是要求从筹建期的投资开始至各年的累计盈余呈大于或等于零。即：各年的累计盈余资金≥0。

（2）企业偿还债务能力的分析指标

企业偿还债务能力的分析指标包括资产负债率、流动比率、速动比率等。

（3）借款偿还期

这是指借款偿还的年限。

借款偿还期 =（借款偿还后开始出现盈余的年份数 - 开始借款年份数）+ $\dfrac{\text{当年偿还借款额}}{\text{当年可用于还款的资金额}}$

当借款偿还期满足借款机构的要求期限时，才认为项目具有还贷能力。

8. 外汇平衡分析

涉及外汇收支的项目，对项目计算期内各年的外汇来源与使用进行外汇平衡分析。

7.6.4 敏感度和风险分析

在水工程经济分析中，一般要对有关数据进行假定，因产量、价格、成本、收入、支出、残值、寿命、投资等参数都是随机变量，有些甚至是不可预测的，它们的估计值与未来的实际值，可能有相当大的出入，这就产生了不确定性和风险。不确定性分析和风险分析的基本方法，包括盈亏平衡分析、敏感性分析、概率分析和风险决策分析等。

1. 风险因素

因为水工程项目的建设期一般都较长，其寿命期也较长，所以在水工程项目技术经济分析和评价中，有许多因素将影响到项目的技术经济指标，这些因素称为风险因素。风险因素分为有形风险因素和无形风险因素，或分为项目外部风险因素和项目内部风险因素。还可以分为可预测风险因素与不可预测风险因素。

2. 盈亏平衡分析

是在一定的市场、生产能力的条件下，研究成本与收益之间平衡关系的方法。对于一个项目而言，盈利与亏损之间一般至少有一个转折点，我们称这种转折点为盈亏平衡点 BEP（Break Even Point），在这点上，销售收入与生产支出相等。盈亏平衡分析就是要找出项目方案的盈亏平衡点。一般说来，盈亏平衡点越低，项目实施方案盈利的可能性就越大，造成亏损的可能性就越小，对某些不确定因素变化所带来的风险的承受能力就越强。

3. 敏感性分析

影响建设项目的主要因素发生变化时，项目经济效益就会发生的相应变化，敏感性分析就是判断这些因素对项目经济目标的影响程度。这些可能发生变化的因素称为不确定性因素，即敏感因素。敏感性分析就是要找出项目的敏感因素（如：产品产量、产品收入、主要资源价格、固定资产投资、经营成本等），确定其敏感程度，以预测项目承担的风险。分为单因素敏感性分析法、多因素敏感性分析法。

4. 概率分析

是通过研究各种不确定因素发生不同幅度变化的概率分布及其对方案经济效果的影响，对方案的净现金流量及经济效果指标做出某种概率描述，从而对方案的风险情况做出比较准确的判断。例如，我们可以用经济效果指标 $NPV \geqslant 0$，$NPV \leqslant 0$ 发生的概率来度量项目将承担的风险。

5. 风险决策分析

分为确定性决策分析、风险决策分析及不确定性决策分析。确定性决策分析的主要方法有：简单决策方法（最大效益或最小损失决策）、结构化决策模型、最优化方法、多阶段决策、动态规划、层次分析法等。风险决策分析的主要方法有：期望法、决策树法、蒙特卡罗模拟方法、贝叶斯分析方法、模糊综合评价、排队论、马尔可夫决策规划等。不确定性决策分析的主要方法有：最大最大准则（乐观决策）、最大最小准则（悲观决策）、等可能性准则（Laplace 决策，又称随机决策）、后悔值决策准则等。

7.6.5 工程项目国民经济评价

1. 国民经济评价的意义

国民经济评价是采用费用与效益分析的方法，运用影子价格、影子汇率、影子工资和社会折现率等经济参数，计算分析项目需要国民经济付出的代价和对国民经济的净贡献，考察投资行为的经济合理性和宏观可行性。国民经济评价是宏观上合理配置国家有限资源、真实反映项目对国民经济净贡献和国家投资决策科学化的重要依据。

2. 国民经济评价与财务评价的关系

国民经济评价和财务评价是互相联系的。既有相同之处，又有区别之处。对于大中型工业项目，一般都要进行两种评价，这两种评价相辅相成，缺一不可。两者的共同之处在于：评价目的相同、评价基础相同、基本分析方法和主要指标的计算方法类同。不同之处在于：评价的角度不同、费用与效益的含义和范围划分不同、费用与效益的计算价格不同、评价依据的主要参数和判据不同。财务评价中所涉及到的费用和效益都是项目内部的直接效果，不包括项目以外的经济效果。所采用的价格是市场预测价格。

7.6.6 工程项目概预算

1. 概算及预算的意义

概算及预算是控制和确定工程造价的文件，是基本建设各个阶段文件的重要组成部分（见图7-1），也是基本建设经济管理工作的重要组成部分。认真地做好建设项目概算及预算工作，对于合理确定与控制工程造价，保证工程质量，发挥工程效益，节约建设资金以及提高企业经营管理水平，具有十分重要的意义。

2. 工程定额

定额是指在一定生产条件下，生产质量合格的单位产品所需要消耗的人工、材料、机械台班和资金的数量标准。因此，无论是计划、设计、施工、生产分配、预结算、统计核算等工作，都必须以定额作为尺度来衡量。建筑工程定额是用于所有建筑工程的定额，包括基础定额、工程定额、费用定额、时间消耗定额等；一般分为：全国统一定额、专业专用定额、专业通用定额、地方统一定额等。

3. 预算费用

建筑安装工程施工图预算造价按定额计价方式一般由直接费、间接费、利润、规费及税金等组成；按清单计划方式一般由人工费、材料费、施工机械使用费、企业管理费、利润、规费及税金等组成，而直接费和间接费由人工费、材料费、施工机械使用费、企业管理费、利润构成。

(1) 直接费

直接费是指直接用于建筑安装工程上的有关费用。它是由人工费、材料费、施工机械使用费和其他直接费组成，有时还包括临时设施费、现场管理费。

(2) 间接费

间接费指不是直接消耗于工程修建，而是为了保证工程施工正常进行所需要的费用。主要包括施工管理费、其他间接费（如：企业管理费、劳动保险费等）。

(3) 利润

利润指施工企业应获得的利润，用于企业扩大再生产等的需要。

（4）其他费用

其他费用包括施工图预算包干费、定额管理费、材料价差调整费、规费、税金，还有特殊环境（如：高原、高寒地区，有害身体健康的环境等）施工增加费、安装与生产同时进行的降效增加费等。

4. 概算费用

概算是确定建设项目工程建设费用的文件。按照概算范围分为总概算、单项工程综合概算及单位工程概算。总概算费用组成如图 7-4 所示。

（1）第一部分费用——工程费用

工程费用由建筑工程费、安装工程费、设备购置费、工器具购置费等组成，或由各个单项工程概算组成。

（2）第二部分费用——工程建设其他费用

工程建设其他费用是指根据有关规定，应在基本建设投资中支付并列入建筑项目总概算或单项工程综合概算的费用，包括建设场地准备费、建设单位管理费、研究试验费、生产职工培训费、办公和生活家具购置费、联合试运转费、勘察设计费、工程监理费、工程保险费、引进技术和进口设备项目的费用等。

（3）第三部分费用——预备费用

包括基本预备费、涨价预备费。基本预备费指难以预料的工程费用；涨价预备费指防止物价上涨造成建设费用不足而预备的费用。

5. 工程概算、预算文件

（1）投资估算书

投资估算一般由建设单位向国家或主管部门申请基本建设投资而编制的。投资估算书是建设项目可行性研究报告的重要组成部分，也是国家审批确定建设项目投资计划的重要文件。它的编制依据主要是：拟建项目内容及项目工程量估计资料，估算指标、概算指标、综合经济指标、万元实物指标、投资估算指标、估算手册及费用定额资料，或类似工程的预算资料等。

（2）设计概算书

设计概算书是设计文件的重要部分，是确定建设项目投资的重要文件。设计概算书是在设计阶段根据初步设计或扩大初步设计图纸、设计说明书、概算定额、经济指标、费用定额等资料进行编制的。

（3）施工图预算书

施工图预算书是计算单位工程或分部分项工程的工程费用文件。施工图预算书编制是根据施工图纸、预算定额、地区材料预算价格、费用定额、施工及验收规范、标准图集、施工组织设计或施工方案等编制的。

（4）施工预算书

施工预算书是施工企业确定单位工程或分部、分项工程人工、材料、施工机械台班消耗数量和直接费标准的文件，主要是包括工程量汇总表、材料及加工件计划表、劳动力计划表、施工机械台班计划表、"两算"对比表等内容。

（5）竣工结算书

施工单位在工程竣工时，应向建设单位提出有关技术资料、竣工图，办理交工验收。此时应同时编制工程竣工结算书，办理财务结算。工程竣工结算书是建设工程项目或单位工程竣工验收后，根据施工过程中实际发生的设计变更、材料代用、经济签证等情况对原施工图预算进行修改后最后确定的工程实际造价文件。

7.7 水工程法规

7.7.1 水工程法规概述

法是由国家制定、认可并依靠国家强制力保证实施的，以权利和义务为调整机制，以人的行为及行为关系为调整对象，反映特定物质生活条件下统治者的意志，它通过规定人们在相互关系中的权利和义务，以确认、保护和发展统治者所期望的社会关系和价值目标为目的的行为规范体系。其目的是：确认、保护和发展社会关系和社会秩序，其由规则、原则和概念这三要素构成。法具有规范作用和社会作用，其规范作用包括指引、评价、预测、教育和强制作用；其社会作用除了维护社会的安定、处理社会公务外，还包括处理人际间的矛盾、促进物质文明和精神文明建设等方面。法律体系一般是指一个国家的全部现行法律规范分类组合成的法律部门而形成的有机联系的统一整体。

在我国水资源的短缺、水污染状况日趋严重的形势下，为了保证我国水行业的可持续发展，必须规范农业、工业、居民等诸方面的合理用水、节约用水、保护水环境、防治水污染，由此产生了与水有关的法律法规——水工程法规。

7.7.2 水工程法规体系

水工程法规主要涉及三方面：水环境质量法规、水工程建设法规和水工程管理法规。其体系如图 7-10 所示，由下列部分构成：

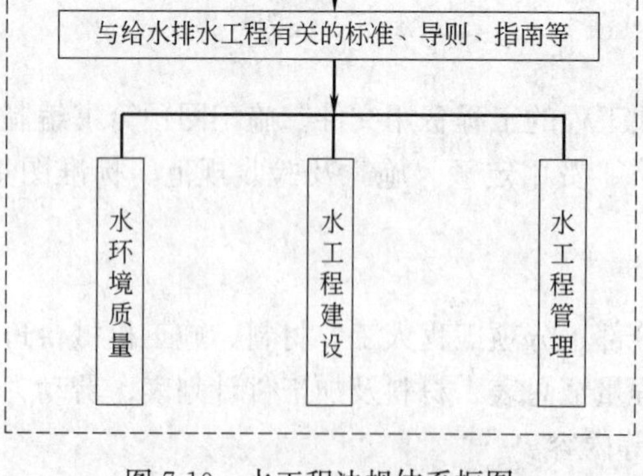

(1) 宪法关于生活环境和生态环境的规定；

(2) 与给水排水工程有关的法律，包括《环境保护法》、《城市规划法》、《水污染防治法》、《水法》；

(3) 与给水排水工程有关的行政法规；

(4) 与给水排水工程有关的标准（包括规范、规程等）、导则、指南等。

1. 水工程法规的纵向体系

(1) 宪法

宪法是由全国人民代表大会通过和修改的，由全国人民代表大会常务委员会负责解释。在法律体系中具有最高法律效力，一切法律法规不得与宪法相抵触。它具有指导性、原则性和政策性，一切环境与资

图 7-10 水工程法规体系框图

框图内容：
宪法关于生态环境和生活环境的规定 → 与给水排水工程有关的法律 → 与给水排水工程有关的行政法规 → 与给水排水工程有关的标准、导则、指南等 → 水环境质量 / 水工程建设 / 水工程管理

源保护的法律法规都必须服从宪法。

（2）法律

环境与资源保护法律是由全国人民代表大会及其常务委员会制定的有关合理开发、利用、保护、改善、环境和资源方面的法律。目前，我国已制定了防治环境污染的法律有《环境保护法》、《水污染防治法》、《大气污染防治法》、《固体废弃物污染环境防治法》、《环境影响评价法》、《环境噪声污染防治法》、《海洋环境保护法》、《放射性污染防治法》；与水工程有关的资源保护法律有：《水法》、《水土保持法》、《防洪法》；侧重于建设项目的规划、建设的法律有：《建设法》、《城市规划法》、《招标投标法》等。

（3）行政法规

行政法规是由国务院、水工程主管部门以及各地省级政府制定的规范性法律文件以及规章。目前，国务院颁布的水工程相关法规有：《城市供水条例》、《建设工程质量管理条例》、《南水北调工程供用水管理条例》等；住房城乡建设部制定的部门规章有：《城市节约用水管理规定》、《生活饮用水卫生监督管理办法》等；各地省级政府制定的有关水资源合理开发、利用、保护和改善的地方行政法规。

2. 水工程法规的横向体系

（1）水环境质量方面的法规

水环境质量法规包括：水环境污染防治相关的法规、水资源保护和利用相关的法规以及水环境质量标准。《环境保护法》、《海洋环境保护法》、《水污染防治法》、《大气污染防治法》、《固体废弃物污染防治法》、《环境噪声污染防治法》等属于水环境污染防治相关的法规；《水法》、《水土保持法》、《防洪法》等属于水资源保护和利用相关的法规；《地表水环境质量标准》、《海水水质标准》、《生活饮用水卫生标准》、《污水综合排放标准》、《城镇污水处理厂污染物排放标准》等属于与水环境质量相关的标准。

（2）水工程建设方面的法规

水工程建设方面的法规除了《建筑法》、《城市规划法》、《消防法》、《招投标法》、《环境影响评价法》等法律外，还包括与建设有关的规划、勘察、设计、施工及验收、试验方法等规范。

规划规范有《城市给水工程规划规范》、《城市排水工程规划规范》等；勘察规范有《城市供水水文地质勘察规范》、《市政工程勘察规范》等；设计规范有《室外给水设计规范》、《室外排水设计规范》、《建筑给水排水设计规范》、《建筑设计防火规范》等；施工及验收规范有《给水排水构筑物施工及验收规范》、《给水排水管道工程施工及验收规范》、《市政排水管渠工程质量检验评定标准》、《建筑给水排水及采暖工程施工质量验收规范》等；试验方法规范有《城市地下水动态观测规程》、《循环试验方法》等；水工程设备、材料及药剂方面规范有《城市给水排水紫外线消毒设备》、《反渗透水处理设备》、《给水用硬聚氯乙烯（PVC-U）管材》、《水处理剂聚合硫酸铁》等。

（3）水工程管理方面的法规

水工程管理方面的法规有《城市供水条例》、《生活饮用水卫生监督管理办法》、《城市供水水质管理规定》、《工程建设项目施工招标投标办法》，还包括水工程设计、施工、运营等部门的资质法规，水工程运营、经济以及维护保障方面的法规，如《城市供水行业工人技术等级标准》、《城市节约用水管理规定》、《城市污水处理厂运行、维护及安全技术规程》等。

7.7.3　水工程标准

标准是对重复性事物和概念所作的统一规定。它以科学、技术和实践经验的综合成果为基础，经有关方面协商一致，由主管机构批准，以特定形式发布，作为共同遵守的准则和依据。

通常我们把标准分为技术标准、管理标准和工作标准三大类。技术标准是指对标准化领域中需要协调统一的技术事项所制定的标准，包括基础技术标准、产品标准、工艺标准、检测试验标准以及安全、卫生、环保标准。管理标准是指对标准化领域中需要协调统一的管理事项所制定的标准，包括管理基础标准、技术管理标准、经济管理标准、行政管理标准、生产经营管理标准等。工作标准是指对工作的责任、权力、范围、质量要求、程序、效果、检查方法、考核办法所制定的标准，一般包括部门工作标准和岗位（个人）工作标准。

根据标准的适用范围，可分为国家标准、行业标准、地方标准和企业标准。他们分别由国务院标准化行政主管部门、国务院有关行政主管部门、省级以上标准化行政主管部门以及企业制定。

与水工程有关的标准主要由工程建设行业相关标准和环境标准的相关部分组成。

1. 工程建设行业标准

工程建设行业标准包括工程建设勘查、规划、设计、施工（安装）以及验收等质量要求，安全、卫生、环境保护的技术要求，试验、检验、评定、制图等方法，术语、符号、代号、量与单位等的要求。

行业标准分为强制性标准和推荐性标准。涉及行业专用的综合性标准和重要的行业专用质量标准，有关安全、卫生和环境保护的标准等属强制性标准。

2. 环境标准

环境标准是为了防止环境污染，维护生态平衡，保护人体健康和社会物质财富，依据国家有关法律的规定，对环境保护工作中需要统一的各项技术规范和技术要求依法定程序所制定的各种标准的总称。它具有规范性、强制性，并由经授权的国家有关行政机关按照法定程序制定和发布。

我国的环境标准分为国家环境标准、环境保护部和地方环境标准等三级。并由环境质量标准、污染物排放标准、环境监测方法标准、环境标准样品标准和环境基础标准五类组成。

7.7.4　水工程法规的制定与管理

1. 法的制定与管理

（1）法的制定

由指定的国家机关依照法定职权和法定程序制定、修改和废止法律和其他规范性文件的一种专门性活动称为法的制定。其程序为：法律议案的提出和审议、法律草案的审议、法律草案的通过、法律公布。

（2）法的管理

法的管理包括两部分内容，一是法的实施，即：法在社会生活中被人们实际施行的过程。二是法的实现，即：法在社会生活中被人们实际施行的结果。法的实施方式可以分为三种：守法、执法和司法。

守法是指公民、社会组织和国家机关以法律为自己的行为准则，依照法律行使权力，履行义务的活动。广义的执法是指所有国家行政机关、司法机关及公职人员依照法定职权和程序实施法律的活动。狭义的执法则专指国家机关及其公职人员依法行使管理职权、履行职责、实施法律的活动，人们把行政机关称为执法机关。司法是指国家司法机关及其工作人员依照法定职权和法定程序，具体运用法律处理案件的专门活动。

2. 标准的制定与管理

（1）标准的制定

制定、修订标准的工作程序可分为准备、征求意见、送审和报批四个阶段。在编写中应符合标准编写的统一规定，不得与上级标准和法律相抵触，同时标准间应协调、统一、避免重复。企业、地方及行业标准在相应的国家标准实施后，应当及时修订或废止。

（2）标准的管理

标准的管理应根据标准的层次不同分别由不同部门负责：

国家标准——由国务院标准化行政主管部门负责管理；行业标准——国务院有关行政主管部门负责管理；地方标准——省级以上标准化行政主管部门负责管理；企业标准——制定标准的企业管理和使用。

7.7.5 水工程法律责任

水工程法律责任是指因违反水工程法规的行为而引起的法律上的不利法律后果。水工程法律责任具有如下特点：①责任是因为不履行水工程法规所规定的义务而引起的后果。②责任是有法律明文规定的。③由一定的国家机关代表国家查清违法行为。

1. 水工程法律责任的类型

依据责任主体的不同，水工程法律责任可分为自然责任、法人责任和国家责任；依据当事人的责任标准分为过错责任和无过错责任；依据责任的实现形式不同，可分为惩罚性责任和补偿性责任；依据责任的法律性质，分为行政责任、民事责任和法律责任。

行政责任是指因违反水工程行政法规规定的事由而应承担的法定不利后果，主要针对管理机关、社会组织、企事业单位等及其工作人员在行政管理中因违法失职、滥用职权或行政不当而产生的行政责任。行政责任既可以是财产责任，也可以是人身责任。

民事责任是指水工程法律关系主体因违反法律、违反合同或因法律规定的其他事由而依法承担的不利后果，主要包括违约责任和侵权责任。主要体现为财产补偿责任和民事惩罚责任。

刑事责任是指水工程法律关系主体因违反刑事法律而承担的法定不利后果。行为人违反刑事法律规定符合犯罪构成要件才会承担刑事责任。

2. 水工程法律责任的实现方式

所谓水工程法律责任的实现方式是指承担或追究法律责任的具体形式。

行政责任的承担方式包括行政制裁和行政赔偿。行政制裁分为行政处罚和行政处分。行政处罚主要有警告、罚款、责令停产停业、吊销许可证、执照等，行政处分主要有警告、记过、降级、降职、开除等。行政赔偿主要指侵犯人身权、财产权的赔偿等。

民事责任主要分违约民事责任和侵权民事责任两类。违约的民事责任的实现方式有：修理、更换、重做、退货，减少价款或报酬，支付违约金，赔偿损失等。侵权的民事责任的实现方式有：停止侵害，排除妨碍，消除危害，返还财产，恢复原状等。

刑事责任是通过刑罚达到。刑罚是一种最严厉的处罚方式，分为主刑和附加刑两类。主刑包括管制、拘役、有期徒刑、无期徒刑和死刑，附加刑包括罚金、剥夺政治权利、没收财产、驱逐出境。

第8章 "给排水科学与工程"学科与相关学科的关系

8.1 "给排水科学与工程"学科体系的组成

水是地球上最普通也是最珍贵的物质，是地球上一切生物生存的物质基础，也是人类社会不断进步和发展的基础。随着社会经济的发展和科学技术的进步，水在社会循环中的作用越来越强，对用水的需求和废水的治理任务越来越重，水工业这一产业应运而生。与此相适应，给排水科学与工程学科也得到了迅速的发展。

给排水科学与工程是研究水的开采、净化、供给、保护、利用和再生等有关水在社会循环中各个环节的科学。它所要解决的基本矛盾是人类社会经济发展对水的不断提高的利用需求与水资源紧缺及水环境污染的矛盾。它的研究内容是以城市和工业及现代农业为主要对象，研究以水质为中心的水资源开发利用，实现水的良性社会循环。核心问题是如何有效提高水质、水量，同时又保证水资源的可持续开采利用。因此，给排水科学与工程是一个涉及领域广、内涵精深的综合性和交叉性的学科。它的学科体系包括水基础科学、水工艺与工程学、水工业设备制造学、水工业社会科学等。

8.1.1 水基础科学

水基础科学是给排水科学与工程学科的重要组成部分，是水工艺与工程学的理论基础。水基础科学是围绕"水"这个核心而展开的应用基础科学。它主要研究水质、水量运动的状态及其变化规律，内容包括：水循环和运动的规律；水质及水中物质的转移、转化和分离。它涉及的学科主要有水文学、水文地质学、水力学、水化学、水微生物学等。

1. 水循环和运动规律

水循环包括三种含义：第一是指各种水通过蒸发、水汽输移、降水、地面径流、地下径流所形成的水文循环，即水的自然循环；第二是指自然水文循环受到人类社会活动影响而形成的自然与人类活动综合影响下的水文循环，着重研究自然循环受人类社会活动影响而发生的水文变化规律；第三是指人类社会为满足其生活和生产的需要而从自然水体取水，再将用过的水排回自然水体形成的循环，即水的社会循环，着重于如何通过人工处理使取自自然水体的水质满足各种不同用水需要，以及使受到人为破坏的污染水体恢复自然状态回归自然。一般情况下，所谓的"水循环"是简指水的自然循环和水的社会循环。

水的运动规律是指水在江河、湖泊、地下及各种人工构筑物（如水库、闸坝、塘槽、池罐、管渠）中的流动规律，是水的宏观运动规律。它是水基础科学研究的重要内容之一。

因此，水循环和水的运动规律与水源开发、利用、保护、管理及水的运移输送紧密相关，它涉及水文学、水文地质学、水资源利用与管理学、水力学、环境水利学和水利工程学等有关学科。

2. 水质及水中物质的转移、转化和分离

在水的社会循环中，人们的各种用水除了必须满足水量的要求外，更对所用水质有不同的严格要求。水质与溶解或挟带于水中其他物质的成分、含量以及水的存在状态密切相关。水中其他物质的含量过多或含有对人体或器物有害的物质固然表明水质不好；但水中完全没有其他物质或者含量过少，也并不一定能满足许多用水的需要。同样的水，如果存在的状态不同，水的内部结构不同，其体现的水质也不一样。因此，水质优劣的评价与不同的用水目的和要求有关。从基础学科上看，水质科学除与水化学、水微生物学、水卫生学等密切相关外，还与生物化学、溶液化学等有关。

水中物质的转移、转化和分离，实际上就是各种水处理工艺和方法基本原理的概括。在水处理中，水中悬浮物、胶体物、溶解物的去除都是水中物质的转移、转化和分离等作用的结果。转移是指水中某种溶解物由水溶液中转移到某固相表面，它一般是物理化学作用的结果；转化是指水中某种物质经过物理的、化学的、物理化学的或生物化学的作用转化成另一种物质，通常是把有害的物质转化为无害的物质，或把溶解性的物质转化成易于去除的固体不溶物；分离是水处理的最终目的，将用水要求中不需要的物质从水中分离出去。因此，水中物质的转移、转化和分离原理和机制是水处理工艺与工程的理论基础。

由此可知，水中物质的转移、转化和分离是与物理学、化学（包括无机化学、有机化学、分析化学、物理化学、生物化学等）、微生物学、化学反应过程原理等学科紧密相关的。

8.1.2 水工艺与工程学

水工艺与工程学是给排水科学与工程学科体系的核心。概括地讲，它是以水质、水量为主题的水处理工艺与工程技术的总称。它包括两个基本内容：水处理工艺和水工业工程技术。

1. 水处理工艺

水处理工艺是水工艺与工程学的技术主体，是以水质为中心的水处理技术的总称。随着水工业基础学科如水力学、化学和微生物学等理论的逐步深入完善、社会经济发展对给水水质和污水处理要求的提高，水处理工艺在原有给水处理和污水处理技术的基础上，得到迅速发展和提高，加强了给排水科学与工程学科体系的技术支柱。

水处理工艺体系包括以下技术内容：

（1）水的物理处理技术：以物理方法为主的水处理技术，主要有吹脱、气浮、蒸发、蒸馏、物理场（电磁、超声、微波）处理等。

（2）水的化学处理技术：以化学和物理化学方法为主的水处理技术，主要有沉淀、絮凝、过滤、化学氧化、催化氧化、光化学氧化、中和、吸附、离子交换、软化除盐、水质稳定和膜处理技术等。

（3）水的生物处理技术：以生物方法为主的水处理技术，主要有各种天然的和人工的好氧处理、厌氧处理技术以及水生生物处理技术等。

2. 水工业工程技术

水工艺与工程学是一门综合性的工程学科。水处理工艺必须通过工程化加以实施才能达到处理工艺的目的。水工业工程技术是水工艺与工程学的重要组成部分,它研究运用工程技术和有关学科的原理和方法,在水工业各环节,即水的开采、加工、输送、利用、回收和再生回用以及排放的过程中保持良性社会循环,使其满足人类社会可持续发展需求的工程学科。

水工业工程技术的主要内容包括:给水工程技术、污水工程技术、污水再生回用工程技术和建筑给水排水工程技术等。

给水工程技术是以满足城市和工业用水为目的,研究水的开采、处理和输配的工程技术;污水工程技术是研究城市和工业污水的汇集、处理和处置以及排放的工程技术;污水再生回用工程技术是使生活污水和生产废水经过必要的处理,恢复其使用价值,回用于工业、市政绿化、冲洗洗涤、地下水回灌和补充地面水等方面的工程技术,它集水的回收、处理、利用于一体,是水的社会循环中的一个子循环;建筑给水排水工程技术则是研究工业与民用建筑及住宅小区的生活、生产和消防用水供应和污水的汇集、处置,以创造卫生、安全、舒适的生活、生产环境的工程技术。

在此基础上,水工业工程正在向市政水工程、建筑水工程、工业水工程、农业水工程、节水产业等方向全面拓展,以适应社会主义市场经济发展的需求。

8.1.3 "给排水科学与工程"学科体系的其他组成

给排水科学与工程学科体系的系统性、综合性和社会性特征使它广泛地与其他多个学科相关联,有着有别于单一学科的鲜明特点。它吸纳了其他学科的相关内容,形成了属于自己的分支学科。这些分支学科主要包括水工业设备制造学、水工业社会科学等。

1. 水工业设备制造学

水工业设备制造学是以机械工程学和电子工程学为基础,与水工艺与工程学紧密结合,以实现产业化为目的的水工业机械设备制造技术。它以水工业设备、仪器仪表及重大装备的制造技术为研究对象,服务于水工业设备制造、加工以及水处理工艺成套设备制造和自动控制等水工业行业。

水工业设备制造学主要包括以下技术:①水工业器材制造技术,包括各种给水排水管材、管件、过滤器材等制造技术;②水工业通用设备制造技术,包括水泵、风机、阀门等设备制造技术;③水工业专用设备制造技术,包括曝气、加药、搅拌、消毒、软化除盐、刮泥排泥、拦污、污泥脱水、沼气利用等设备制造技术;④水处理工艺设备制造技术,包括各种水处理单元工艺设备制造技术、水处理工艺成套设备制造技术;⑤水工业仪器仪表技术,包括水质分析仪器仪表制造技术、水工业专用仪器仪表制造技术;⑥水工业控制系统,包括水处理单元、系统、整个水厂、污水处理厂乃至城市、区域的控制系统。

2. 水工业社会科学

给排水科学与工程学科的核心内容是"水"。水是基础性的自然资源和战略性的经济资源。它涉及人类社会的可持续发展并由此影响到社会经济发展制度和发展模式。因此,给排水科学与工程学必然要研究与水有关的社会学问题,从而逐渐形成了水工业社会科学。水工业社会科学主要包括以下内容。

(1)水工业经济学

水工业经济学研究以城市和工业为核心的水的可持续开发利用中的各种经济关系和供需矛盾，研究宏观和微观的水工业经济活动：在宏观上包括水资源的可持续开发经济学研究以及水工业作为产业、水作为一种商品的各种宏观经济特性研究；在微观上研究水工业工程建设中的经济活动和经济关系，对水工业工程基本建设和运行管理中的投资费用和经济效益，进行经济核算、分析和评价。

（2）水工业规划和管理学

它主要研究城市水资源的调配、规划以及自来水厂、污水处理厂、管网、泵站等水工业组成单元的规划、运行、管理、控制技术等，宏观上也应包括利用行政、法律经济等手段进行城市水资源的统一管理和调度。

（3）水工业社会学

水工业社会学从社会学的角度研究水和人类发展的关系、水工业与人类社会可持续发展的关系、水工业与环境保护的关系、水工业产业的组成与发展、水工业的法规体系、标准体系以及水工业的学科体系与相关学科的关系等。

8.2 "给排水科学与工程"学科与相关技术学科的关系

给排水科学与工程学学科主要是以水的社会循环为对象，研究水质和水量的运动和变化规律以及为满足人类社会可持续发展所需的水工业产业的有关科技问题。与各类工程学科相似，给排水科学与工程学科也有其外延，与周边学科相关或有交叉，构成了各有自己特色的侧重点、又有一定程度的互补和互用、共同解决某一社会发展中提出的问题的综合体系。下面讨论给排水科学与工程学科与几个相关技术学科（如水利工程学科、环境工程学科、土木工程学科、化学工程学科）的关系。

8.2.1 "给排水科学与工程"学科与水利工程学科的关系

给排水科学与工程学科、水文学科、水利工程学科等在总体上说都是以"水"为研究对象的技术学科。但是在具体研究对象和学科任务上又有很大的区别。

1. 学科研究对象不同

在地球上，水由海洋蒸发形成水汽，经风输送至大陆，形成雨、雪等降水，再以地表径流和地下水的形式流返海洋，这就是水的自然循环。水文学科、水利工程学科，主要是以水的自然循环及其调控为研究对象，研究水的自然循环过程中的各种规律和水量调控中的工程技术问题，侧重点在于水系流域的全局。

人类生活和生产的用水，都取自天然的水体，用过的水再排回到天然水体，这称为水的社会循环。在生活和生产用水的过程中，将使水的物理和化学性质发生改变，特别是有部分废弃物进入了水中，其中许多都会对天然水体造成污染。给排水科学与工程学科主要以水的社会循环为研究对象，侧重点在于水系流域内的城市和工业。

水利工程学科主要以水的自然循环为研究对象，而给排水科学与工程学科主要以水的社会循环为研究对象，从而形成了水应用技术科学的两大支柱。但水的自然循环和水的社会循环有时并无明确的界限，加之两个学科都以水的工程应用为研究目标，所以有时两学科外延的相互交叉是常有的，例如水资源利用方面、水源工程方面、农业和乡镇用水方面等。

2. 学科任务不同

水利工程学是人类开发利用自然界水利资源，以满足灌溉、发电、航运、防洪及国民经济其他部门对用水要求的综合性技术科学。其任务是合理地开发利用自然界的水利资源，达到兴利除害的目的。主要研究水在陆地上的流动状态、运动规律及其所携带的能量，建设水利设施，疏导或拦截水流抗旱防洪，避免灾害，造福人类。水利工程学科的主要分支学科有：水文学、河流泥砂学、水工结构、农田水利、水资源规划与管理等。

给排水科学与工程学科是要通过工程和技术手段提高用水和排水水质，并通过水的商品化和产业化从根本上来实现水的可持续开发利用，促进和保障水的良性社会循环。

8.2.2 "给排水科学与工程"学科与环境工程学科的关系

给排水科学与工程学科和环境工程学科都有为环境保护事业服务的目标和内容，而且世界上不少学校的环境工程专业都是从原给水排水工程（卫生工程）的基础上拓展而形成的。它们有许多相关或交叉的研究内容。但随着科学的进步以及环境保护和市政建设两大事业各自发展的需要，给排水科学与工程学科和环境工程学科在研究对象和学科任务上的区别也越趋明显。

1. 学科研究的对象不同

给排水科学与工程学科主要以水的社会循环为研究对象，涉及水的社会循环的各个方面：包括水源保护、水的利用、水的输送、用水处理、污水排放、污水处理、废水回用等各个环节，并把水的整个社会循环当作一个整体作为研究对象。

环境工程学科是研究人类与其环境之间发生的各种联系，并应用工程技术手段，保护和改善环境质量的科学。在自然环境方面，它主要研究人类对大气环境和水环境等的依赖性，研究人类的生产和生活活动对自然环境的影响和可能发生的破坏，及其破坏后对人类的危害以及如何保护和修复这些环境，维持人类社会的持续发展。它的主要研究内容有：大气污染防治工程，水污染防治工程，固体废物处理、处置和利用，噪声控制工程等。水环境研究只是环境工程学科的一个分支，并且主要是研究水污染的来源、危害以及防止和治理措施。它涉及的只是水的社会循环中的一部分。

2. 学科研究的目的不同

给水排水科学与工程学科是一个伴随着水工业兴起而发展的新兴学科。它是围绕着一个基本的矛盾而产生的，即人类社会经济发展对不断提高的用水需求与水资源紧缺及水环境污染的矛盾。这个矛盾决定了它的研究内容与水资源的开发利用密切相关，根本目的在于保障市政建设和工业等发展的用水需要，有效提高水质、水量的供应并保证用过的废水无害地回归到自然，以再利用，形成水的良性社会循环，使有限的水资源发挥最大效益。

环境工程学科是为环境保护而设立的学科。环境工程学是一个庞大的技术体系，是运用工程技术的原理、方法和手段，研究保护和合理利用自然资源，防治环境污染，以改善环境质量的新兴学科。它的研究目的在于为环境保护和环境质量的改善提供工程技术基础。作为其分支之一的水环境工程，是以污水处理、水污染控制和保护水环境质量为研究目的的。在学科的社会性方面，环境工程学科与给排水科学与工程学科相比，两者都具有为人类社会可持续发展的特性，但环境工程学科的社会公益性更强，而商品化、市场化的特性较弱。

3. 两个学科的共同点

环境工程学科以环境污染防治工程（其中包括水环境污染防治工程）的有关科技问题作为主要的研究任务；而给排水科学与工程学科则是研究水的社会循环中与水质、水量有关的科技问题。因此，两个学科在要求掌握的基础科学和技术科学上有很多的共同点，其中主要有：化学（包括无机化学、有机化学、分析化学、物理化学、生物化学等）、微生物学、水力学（流体力学）、工程力学、水处理工程学等。

8.2.3 "给排水科学与工程"学科与土木工程学科的关系

1. 给排水科学与工程学科是土木工程学科的继承与发展

给排水科学与工程学科的前身——给水排水工程或卫生工程是土木工程学科的一个分支。它们都是围绕着和服务于城市和工业等发展的基本建设事业而设置的。同时，在早期水工业工程中，水的传输、水质净化和污水处理等主要是通过土木工程的构筑物来实现的。随着水工业的发展，水和污水处理工程的主体已开始由传统的土木工程型逐渐转变为以工艺技术与设备技术为核心的工业化过程型，某些水处理过程已经完全转变为设备型，而另一些则体现为工艺技术与设备的高度集成。在水工业工程的基建投资中，以特定的工艺技术和特殊设备高度集成所形成的成套技术设备和器材所占的投资比例相应明显上升。水工业工程技术的设备化和产业化趋势以及由此而引起的支持学科的基础科学和技术科学的极大差异，促使给排水科学与工程学科从土木工程学科中分离出来。

2. 学科的技术基础不同

对于一个学科的建立，支持学科的基础科学和技术科学是十分重要和本质的。土木工程学科的主干分支——房屋建筑、道路桥梁、工程结构等都是以力学（包括理论力学、材料力学、结构力学、弹性力学等）为其技术基础的。前已述及，给排水科学与工程学科的主要目标是满足城市和工业等发展对用水水质、水量的需求和废水处理无害化后回归天然水体、形成水的良性社会循环。在水资源短缺和水污染严重的形势下，水质问题成为主要矛盾。因此，给排水科学与工程学科以水化学、水微生物学和水力学为其主要技术基础。

8.2.4 "给排水科学与工程"学科与化学工程学科的关系

化学工程学科包括有机化工、无机化工、高分子化工、精细化工等分支学科，它是运用化学的方法改变物质组成或结构，或合成新的物质。由于其生产原料庞杂，产品繁多；生产工艺多种多样，设备千变万化，因而其研究对象非常复杂。化学工程的学科基础包括化学热力学、传递过程、单元操作、化学反应工程、化工系统工程等。给排水科学与工程学科的研究对象是水的社会循环，其原料和产品都是人们生活和生产中的水，只是水质不同。因此，两个学科在研究对象、学科任务上的差异是显而易见的。

给排水科学与工程学科的一个重要内容是将原水在一定的反应器中通过物理的、化学的或物理化学的作用进行处理，以获得符合要求的出水。这个水处理过程与许多化工过程有相似之处，其基本原理（化学、物理化学等）、工艺设备（如反应器等）都与化学工程学科有许多联系和交叉。化学反应器、传递过程、单元操作等许多原理对水处理过程中的反应器和单元操作都有着借鉴或指导作用。水处理厂所用的许多水处理药剂和材料不少都是化工产品,这些产品的质量直接影响到处理后的水质。因此,从这些角度上看,给排水科学与工程与化学工程两个学科还是有着密切的关系的。

与化学工程相接近,材料科学与工程技术的进步同样会促进给排水科学与工程学科的发展。例如:使用寿命长、抗污损、水通量大、价格低的膜材料将会给水处理技术与工艺带来革命性的推动;纳米光催化材料的发展与进步也会推动光催化氧化技术在水处理工程中的实际应用,使水中许多难降解的物质能得到有效的处理,从而使水处理技术更加完善、安全。总之,材料科学也是与给排水科学与工程学科紧密相关的。

8.2.5　"给排水科学与工程"学科与生物学的关系

生物学是研究自然界各个层次生物的种类、形态、结构、功能、行为、发育、起源、进化以及生物与周围环境的关系等的科学。生物学是一个庞大的学科,研究对象包括一切有生命的物体以及与周围环境的相互影响。它的分支学科有动物学、植物学、微生物学等。微生物学研究各类微小生物(如细菌、藻类、原生动物、后生动物、病毒等)的形态、分类、生理、生态等特性及其控制和应用。微生物学又可分为工业微生物学、农业微生物学、环境微生物学等。给排水科学与工程学科的研究对象是水的社会循环及其相关事物。它与生物学科的差异是很明显的。

水处理工程是给排水科学与工程学科的重要内容,而生物法在用水,特别是废水处理中占据着举足轻重的地位。生物法处理就是利用微生物通过自己的生命活动来分解水中的物质(有机的、无机的),使水得到净化。因此,水生物学,尤其是微生物学成为生物法水处理技术的科学基础。利用生物工程技术可以对微生物进行分离、纯化,得到水处理所需要的微生物群落;利用基因工程技术可以得到处理某些污水的高效菌种。这些都可以大大推动生物法水处理技术的进步。另一方面,目前人类疾病的主要根源之一仍是由于非安全饮水造成的。水中有害微生物,如病原细菌(霍乱、伤寒、痢疾)、病毒、病原原生动物(阴孢子虫、贾第虫)和有毒藻类等,引起的各种水性疾病是威胁人类健康的重要原因。保障饮水和用水的安全是给排水科学与工程的一大目标和任务。这就要求它必需具有微生物学方面的科学基础。

8.2.6　"给排水科学与工程"学科与其他相关技术学科的关系

随着水工业工程技术的进步,机械工程、电机工程、计算机技术、自动控制技术等技术学科与给排水科学与工程学科的联系越来越密切。包括水处理厂、输水管网等在内的水工业工程中所用的一些设备、仪器仪表、自动化装备已逐步专业化、系列化、成套化。机械制造、电机工程、计算机技术中与之相关的知识已融合成一门新的交叉科学——水工业设备制造学。它成为机械、电机、计算机、自动化等学科与给排水科学与工程学科联系的纽带。这些学科的进步无疑会极大地推动给排水科学与工程学科的发展,同时,水工业工程也会提出许多新的问题,促使机电、计算机等学科研究解决,促进它们的发展。

8.3　"给排水科学与工程"学科与社会科学学科的关系

自然科学和社会科学虽然各自的功能不同,但它们对人类的生存和社会的发展却是同样重要的。社会科学要研究技术改造和发展中的社会问题，自然科学也要研究社会关系中的自然问题，两者相辅相成，有如车之两轮、鸟之两翼，缺一不可。在近代人类社会的经济发展中，资源总是"稀缺"的，当今水资源紧缺尤甚，而人类利用资源的智慧和潜能却是无限的。因此，经济增长和发展的核心是人创造的智能和管理效能的扩展。人力资本开发运用的好坏，相同的实物投入会带来不同的经济增长。由此可知，水工业经济的发展、给排水科学与工程学科的发展，都离不开自然科学和社会科学这两个车轮的支撑。

8.3.1 "给排水科学与工程"学科与社会学的关系

社会学是研究社会的治和乱、盛与衰的原因，揭示社会由乱达到治的方法和规律的科学。它从某种特有的角度，或侧重对社会，或侧重对作为社会主体的人，或侧重对社会和人的关系进行综合性的研究。社会学包括伦理社会学、应用社会学、生活方式社会学、消费社会学等。应用社会学中又包括农村社会学、都市社会学、教育社会学、犯罪社会学、社会工作学等。生活方式社会学研究生活方式、生活质量、生活水平、生活标准、生活风格等。消费社会学研究个人、群体和社会的生活消费行为、消费模式及消费与经济、政治、社会、文化诸因素的相互关系。可见其研究对象是社会与人及与之相关的事物。研究方法包括调查、分析、综合、归纳和演绎等。

给排水科学与工程学科是研究以水质和水量为中心的水的社会循环中的规律及其相关工程技术问题的科学。它要解决的是人类社会经济发展对不断提高的用水需求与水资源紧缺及水环境污染之间的矛盾。

给排水科学与工程学科与社会学的差异迥然，但是两者之间却有着紧密的联系，其联系的焦点在于水的社会循环。人类社会的经济发展对不断提高的用水需求与水资源紧缺及水环境污染之间的矛盾不仅涉及技术科学而且涉及社会科学。解决这一矛盾的方法、手段和措施既涉及科学技术也涉及人的思想观念和行为方式。水对一个城市的需求和发展、人们的生活方式和消费观念有着重大的影响。一个城市或一个地区的水环境条件不同，其发展模式、生活方式、消费行为和消费模式就不一样。在如何看待用水、惜水的问题上甚至还与道德伦理学、心理学等有关。因此，与"水"有关的事物是社会学中应用社会学、生活方式社会学、消费社会学等的重要研究内容。它们的研究成果对给排水科学与工程学科解决好其面临的矛盾有着非常重要的指导意义。给排水科学与工程学科的发展反过来也会影响该地区、城市原有的水环境，从而影响人们的生活方式、消费观念和消费模式，给社会学带来新的研究内容，推动社会学的发展。

8.3.2 "给排水科学与工程"学科与经济学的关系

经济学是研究人类社会在各个发展阶段上的各种经济活动和相应的经济关系及其运行、发展的规律的科学。研究的目的是在有限的资源条件下满足众多的欲望时应作出的合理选择。经济学的学科体系非常庞大，它的研究对象是与经济有关的一切事物。它的分支学科众多，如理论经济学、应用经济学等。次一级的分支学科有：工业经济学、农业经济学、建筑经济学、运输经济学、商业经济学、城市经济学、农村经济学、区域经济学、人口经济学、资源经济学、生态经济学、国土经济学、消费经济学、技术经济学等。经济学的研究方法包括调查、分析、综合、归纳和演绎等。

尽管给排水科学与工程学科与经济学的研究对象、研究任务和研究方法大相径庭,但是二者有着千丝万缕的联系。水关系到人类生产和生活的各个方面,因此水与人类社会中的许多经济活动联系在一起。资源经济学可以解决如何合理、有效地开发、利用水资源的问题;人口经济学研究人口与水资源之间的关系;技术经济学可以对水资源利用、水处理技术提供经济合理的技术方案、技术措施并进行可行性研究;国土经济学研究如何根据地球水资源的特点及其他因素确定本地水资源的开发利用规模、步骤及其发展方向,安排能源、水源等基础设施的建设,确定城乡布局、性质和规模;城市经济学研究城市规划、城市产业结构及城市公用事业的发展,其中自来水和排水是市政基础设施的一个主要的方面。其他许多经济学的分支也都有涉及"水"这一要素。可以说,与水资源的开发、利用和水工业的发展密切相关的经济学内容正在或已经正好成为给排水科学与工程学科的一个新的分支学科——水工业经济学。

总之,给排水科学与工程学科研究的是水的社会循环的各个方面,是一门综合性的学科,它不仅研究与水有关的工程技术问题,还研究与水有关的经济问题,与社会科学有着紧密的联系。

当前,人类社会正面临着一个发展的新阶段:一方面是社会的进步和科学的发展带来了新的动力;另一方面,人口爆炸和资源短缺又给发展造成制约。在这种大形势下,遵循和贯彻落实科学发展观是人类社会持续发展的一条正确道路。科学发展观是坚持以人为本,全面、协调、可持续的发展观,坚持生产发展、生活富裕、生态良好的文明发展道路,建设资源节约型、环境友好型社会,实现速度和结构质量效益相统一、经济发展与人口资源环境相协调,使人民在良好生态环境中生产生活,实现经济社会永续发展。

在这宏伟的总目标下,以满足人们不断提高的用水水质水量要求和实现水的良性社会循环为己任的水工业产业及其理论和科学基础——给排水科学与工程学科必将是大有作为的。培养一大批适应我国社会主义现代化建设需要,德智体全面发展,掌握给排水科学与工程学科的基本理论和基本知识,获得工程师基本训练,能从事水工业工程的规划、设计、施工、运营和管理工作,并具有创新精神和一定研究开发能力的高级工程技术人才是十分迫切的。

高等学校给排水科学与工程学科专业指导委员会规划推荐教材

征订号	书名	作者	定价(元)	备注
40573	高等学校给排水科学与工程本科专业指南	教育部高等学校给排水科学与工程专业教学指导分委员会	25.00	
39521	有机化学(第五版)(送课件)	蔡素德等	59.00	住建部"十四五"规划教材
41921	物理化学(第四版)(送课件)	孙少瑞、何洪	39.00	住建部"十四五"规划教材
42213	供水水文地质(第六版)(送课件)	李广贺等	56.00	住建部"十四五"规划教材
27559	城市垃圾处理(送课件)	何品晶等	42.00	土建学科"十三五"规划教材
31821	水工程法规(第二版)(送课件)	张智等	46.00	土建学科"十三五"规划教材
31223	给排水科学与工程概论(第三版)(送课件)	李圭白等	26.00	土建学科"十三五"规划教材
32242	水处理生物学(第六版)(送课件)	顾夏声、胡洪营等	49.00	土建学科"十三五"规划教材
35065	水资源利用与保护(第四版)(送课件)	李广贺等	58.00	土建学科"十三五"规划教材
35780	水力学(第三版)(送课件)	吴玮、张维佳	38.00	土建学科"十三五"规划教材
36037	水文学(第六版)(送课件)	黄廷林	40.00	土建学科"十三五"规划教材
36442	给水排水管网系统(第四版)(送课件)	刘遂庆	45.00	土建学科"十三五"规划教材
36535	水质工程学(第三版)(上册)(送课件)	李圭白、张杰	58.00	土建学科"十三五"规划教材
36536	水质工程学(第三版)(下册)(送课件)	李圭白、张杰	52.00	土建学科"十三五"规划教材
37017	城镇防洪与雨水利用(第三版)(送课件)	张智等	60.00	土建学科"十三五"规划教材
37679	土建工程基础(第四版)(送课件)	唐兴荣等	69.00	土建学科"十三五"规划教材
37789	泵与泵站(第七版)(送课件)	许仕荣等	49.00	土建学科"十三五"规划教材
37788	水处理实验设计与技术(第五版)	吴俊奇等	58.00	土建学科"十三五"规划教材
37766	建筑给水排水工程(第八版)(送课件)	王增长、岳秀萍	72.00	土建学科"十三五"规划教材
38567	水工艺设备基础(第四版)(送课件)	黄廷林等	58.00	土建学科"十三五"规划教材
32208	水工程施工(第二版)(送课件)	张勤等	59.00	土建学科"十二五"规划教材
39200	水分析化学(第四版)(送课件)	黄君礼	68.00	土建学科"十二五"规划教材
33014	水工程经济(第二版)(送课件)	张勤等	56.00	土建学科"十二五"规划教材
29784	给排水工程仪表与控制(第三版)(含光盘)	崔福义等	47.00	国家级"十二五"规划教材
16933	水健康循环导论(送课件)	李冬、张杰	20.00	
37420	城市河湖水生态与水环境(送课件)	王超、陈卫	40.00	国家级"十一五"规划教材
37419	城市水系统运营与管理(第二版)(送课件)	陈卫、张金松	65.00	土建学科"十五"规划教材
33609	给水排水工程建设监理(第二版)(送课件)	王季震等	38.00	土建学科"十五"规划教材
20098	水工艺与工程的计算与模拟	李志华等	28.00	
32934	建筑概论(第四版)(送课件)	杨永祥等	20.00	
24964	给排水安装工程概预算(送课件)	张国珍等	37.00	
24128	给排水科学与工程专业本科生优秀毕业设计(论文)汇编(含光盘)	本书编委会	54.00	
31241	给排水科学与工程专业优秀教改论文汇编	本书编委会	18.00	

以上为已出版的指导委员会规划推荐教材。欲了解更多信息，请登录中国建筑工业出版社网站：www.cabp.com.cn 查询。在使用本套教材的过程中，若有任何意见或建议，可发 Email 至：wangmeilingbj@126.com。